程远琪——

著

内心的重建

华夏出版社

HUAXIA PUBLISHING HOUSE

图书在版编目（ＣＩＰ）数据

内心的重建 / 程远琪著 . －－ 北京：华夏出版社有限公司， 2021.1
ISBN 978-7-5222-0008-8

Ⅰ . ①内… Ⅱ . ①程… Ⅲ . ①心理学 – 通俗读物 Ⅳ . ① B84–49

中国版本图书馆 CIP 数据核字（2020）第 168703 号

内心的重建

作　　者　程远琪
责任编辑　赵　楠

出版发行　华夏出版社有限公司
经　　销　新华书店
印　　装　天津旭非印刷有限公司
版　　次　2021 年 1 月北京第 1 版
　　　　　2021 年 1 月北京第 1 次印刷
开　　本　880×1230　1/32
印　　张　6.75
字　　数　145 千字
定　　价　49.80 元

华夏出版社有限公司　网址：www.hxph.com.cn　地址：北京市东直门外香河园北里 4 号　邮编：100028
若发现本版图书有印装质量问题，请与我社营销中心联系调换。电话：（010）64663331（转）

◯ 前　言

　　人的一生是十分短暂的，有些人一生下来，就是不幸的；有些人或许还没生下来就遭遇了不幸；有些人过得顺风顺水；有些人则是命途多舛。在生活中，似乎人与人之间，看起来没有多大的联系，好像大家都在过着自己的生活，但在冥冥之中，又有了千丝万缕的联系，这或许就是命运吧。说到命运，我想起了荣格先生说的："当你的潜意识没有进入你的意识的时候，那就是你的命运。"然而，掌握命运的钥匙在哪里呢？

　　现代人总是伴随着各种各样的烦恼，"我总是控制不了自己的情绪""我好丧""我是不是做得不好""我是不是心理有问题""我觉得我压力好大""我好累""谁可以来帮帮我""失恋了，怎么办"……到百度上去搜索，这些问题其实都会找到答案，但是实际上对我们的帮助并不是十分明显，原因在于，解决问题的方法不在于百度，而在于自己。当遇到挫折的时候，自己内心的重建比任何网页上的答案更加重要。

实际上，大多数人都忽略了一个十分重要的东西，那就是心理健康。当我们的身体出现问题的时候，我们知道怎么保护自己的生理健康，但是，如果当我们的心理出现问题的时候，有没有人能够很好地保护自己的心理健康呢？答案是没有多少人能成功做到这一点。

　　这本书里有很多故事，有我自己的故事，也有别人的故事。写下这本书的初衷，只是想让读者们从这些故事中，看看别人的人生是怎样的，看看其中是否有一些能让我们产生共鸣的东西，能否给我们带来一些新的视角，能否给我们带来积极、正向的启发？我希望书中有一点点能够感动读者的东西，那便足够了。

目　录
CONTENTS

目　录
CONTENTS

目　录
CONTENTS

目　录
CONTENTS

第一章

童年的重建

"池塘边的榕树上，知了在声声叫着夏天，操场边的秋千上，只有那蝴蝶停在上面，黑板上老师的粉笔，还在拼命叽叽喳喳写个不停，等待着下课，等待着放学，等待游戏的童年……"

罗大佑老师的《童年》，总是会让我们想起充满快乐的童年，但并不是所有人的童年都是充满笑声的。我听过很多人的故事，我发现的一个共性就是，原生家庭对孩子会产生一些或多或少的影响，这种影响会从童年延续到青春期、成年期、中年期，甚至是一生。

在成长的道路上有些人会表现出各种问题，但究其原因，又各有不同。有一些人发现自己是受到家庭的影响，然后就把所有的责任推卸给父母，认为全都是父母的过错造成了自己的不幸。我们一定要注意，这种认识是错误的。不管是父母的教育方式，还是原生家庭特有的影响，我们都不应该把归因推给父母。因为我们通过自身和外在刺激是可以改变的。

当"一"变成"二"

那是一张黑白照片，上面有两个男孩，一个穿着绿色的上衣，浅蓝色的牛仔裤，脚上穿着一双当时十分流行的棉鞋，但并不是很开心，甚至有些讨厌旁边的男孩。男孩的眼睛向上挑，脸上表现出一种不屑和怨恨的神态，但他的嘴角是上扬的。看得出他是在掩饰自己的不开心。紧握的拳头和上扬的嘴角好不和谐，我还没见过这个年纪的孩子会有这样复杂的神情，他是第一个让我觉得怪异的男孩；而另一个男孩身穿一件黑色的棉袄，下面是一条浅蓝色的牛仔裤，穿着和第一个男孩一样的鞋子，只是个子稍矮一点。但是这个男孩的笑容给人一种阳光般温暖的感觉，而且笑容是来自内心深处的，不是那种伪装出来的笑容。但值得注意的是，这个男孩的注视点在第一个男孩身上，他紧紧地抱着第一个男孩的胳膊，就像呵护自己喜爱的玩具那样。我相信任谁看了这样一张照片都会更喜欢这个矮一点的男孩，而另一个小男孩则是让人越看越讨厌的。

其实让人讨厌的男孩就是我。在我七八岁的时候，我开始知道我有一个这样的弟弟，虽然并不知道这代表什么意思，但是我感受到了父母对我态度的变化，所以我渐渐地懂了，他就是我的亲弟弟，我们流着同样的血液，有着同样的基因。之后我才得知，由于当时家里比较穷，弟弟又是超生，不符合计划生育的，所以父母才会把弟弟送给别人家抚养。但是可笑的是，那时的我并不是一个懂事的孩子。

我就是在这样一种状态下，度过了我那短暂的童年。我的童年并不快乐，甚至是充满了怨恨和父母的责骂。

在我七八岁之前，我一直以为自己是一个独生子，享受着父母所有的关爱。但是自从所谓的弟弟出现，爸爸妈妈就像变了一个人，我的玩具要和他共享，我的零食要分一半给他，我有滑板，他也一定会有。最重要的是，爸爸妈妈总是偏爱他一点，即使他错了，也不会受到任何惩罚。我总是在想，他凭什么可以得到爸爸妈妈的爱，凭什么他一来，我就要分我的东西给他，于是我就更加讨厌他。我很烦恼，为什么我的爸爸妈妈变了，他们究竟是怎么了？我很苦恼，也很生气，所以我总是欺负和攻击我那个亲弟弟。

恋父情结、恋母情结

从精神分析的角度来看，一个家庭是一个稳固的三角形，即父亲、母亲和孩子。根据弗洛伊德的心理发展阶段论，将其分为了五个阶段，划分阶段的依据是力比多，也可以理解为一种自己内心深处的性欲。0～1岁的时候，是口唇期，这个时期的孩子通过吃奶来获得一种快感；2～3岁的时候，属于肛门期，这个时期的孩子以排泄来获得快感，也就是当他拉屎的时候，会觉得十分舒服，十分自由，于是这个阶段的某些快感可以通过拉屎得到满足。父母在这个时期会对孩子进行排便训练，孩子需要学会控制自己的排便。

3～6岁的时候，进入前生殖器阶段。这个时候，孩子们想要满足的不仅是吮吸母乳的快感和排泄时从肛门而来的快感，更是一种类似于生殖器的快感。但是这里所说的孩子的生殖器和成人是不一样的，所以我们将其称为"前生殖器"。这个阶段的孩子对于自己的父亲或者母亲有一种特别的情感，男孩会产生一种"恋母情结"，同时女孩也会产生一种"恋父情结"。

当男孩女孩处于这个阶段的时候，就会变得十分依恋自己的父母，这种爱具体表现为"占有的爱""自己独享父母的爱"，所以一切会影响自己占有父亲和母亲的人就是他的"情敌"。一旦有另一个人来分享自己的父母，对于这个孩子来讲就是一种威胁，于是他/她就会对这个构成威胁的人产生厌恶，同时也会排斥自己的父母。比如有一个孩子，当他处于这个阶段的时候，他会变得十分依恋他的母亲，并且想要"占有"他的母亲。但是，他知道还有一个"情敌"，那就是他的父亲，因为父亲很强大，他知道自己无法战胜父亲，所以渐渐地他就会在心里面树立父亲的形象，努力朝成为父亲那样的人发展。

6～12岁的时候，我们称为潜伏期，这个时候学生以学业为主，体内的力比多被压抑；12～18岁是青春期，这个时候依恋对象不再是父母，而是指向他人。当然精神分析的理论比较主观，可以将其作为一种参考进行分析，但是不要将它教条化了。的确，精神分析理论可以解释为什么一些人长大之后，还是依恋自己的母亲，也就是我们所说的"妈宝男"。

孩子怎样才能更好地度过这一时期

首先，父母应该履行好养育责任。每一个时期都有对应的不同的适应性机制，所以父母一定要明确每个时期承担的主要任务是什么，比如在口唇期，父母需要及时给孩子提供他所需要的营养，及时喂食母乳，并且要适度。如果过度喂养，就可能发展成为施虐型人格，孩子长大之后会表现出喜欢抽烟或者喜欢用语言攻击别人的行为；如果匮乏，则可能形成一种内向型人格，表现为少言寡语。

在肛门期，父母的主要任务就是让孩子学会正确排便，做好排便训练，这也是培养一个孩子的自主控制能力的重要时期。我们经常会看到一些父母允许孩子在公共场所大小便，这样就会形成肛门排泄型人格。这种类型的人表现为漠视规则，没有组织性、纪律性，不服从管理。另外一种与之对应的就是肛门滞留型人格，由于父母过度控制孩子的排便，导致孩子排便的时候容易紧张。这种类型的人就会表现为过度遵守规则，循规蹈矩，不敢打破常规。

所以父母要教会孩子控制自己的排便，这对于孩子今后人格的养成会有重要影响。一种常见的情况，母亲带男孩去女厕所。对于这个问题，可能大多数母亲没有选择，也没有办法，所以她只能这样做。但是，这样的行为可能在某一方面对孩子的性别认知产生影响。所以父母一定要重视这个问题。

在前生殖器阶段，要让孩子顺利地克服恋父情结和恋母情结。如果这个阶段父母不能和孩子建立边界感，也就是孩子没有和父母完成必要的分离，这种对父母的依恋会带到孩子的成人生活中。即使孩子成年了，也会大事小事都征求父母的意见，包括孩子的感情生活。其中"妈宝男"的形成就可以从这个方面去解释。因此，把握好每个阶段父母该做的事，并且努力做好，十分重要。

其次，要给孩子树立榜样。所以父母需要反思自己的问题，要做到自我觉察。在心理咨询中，能够自我觉察是咨询师的专业素养。同样，对于父母来说也是如此，因为父母是孩子的榜样，父母的行为会影响自己的孩子。根据班杜拉的社会学习理论，这叫作"模仿学习"。简单来讲，就是孩子会在潜移默化中模仿、学习到一种行为模式，并带入自己的生活和学习之中。

再次，父母应该充实自己育儿方面的知识。因为很多时候父母是因为不了解孩子的心理，才会导致种种错误的产生，所以父母也要有一定量的知识储备。

最后，相信你的孩子。父母需要学会和自己的孩子沟通，很多父母都会有这样的想法，比如"你是小孩子，什么都不懂""大人说话，小孩子别插嘴"，等等。其实小孩子是很聪明的，你跟他讲他未必不懂。所以，大人们的刻板印象在某些时候会导致一个家庭内部缺少有效沟通，影响孩子的健康成长。

我想让我的妈妈爱我

一个刚进入大学的女生走进心理咨询室，她说出了自己的烦恼："从小，我似乎没有感受过我母亲的爱。小时候我是跟我外婆、外公生活的，跟父母在一起的时间很少。小时候，我都是一个人睡的，我没有跟父母睡过觉的印象，即使是打雷的时候，我也是一个人蜷缩在床上。但是别人家的孩子不是这样的，他们总是有爸爸妈妈来接他们，我只有外公和外婆，其实我很羡慕他们。我在没有父母的陪伴下生活了十二年，直到我小学六年级的时候，我终于和父母住在一起了，然而我并没有觉得很开心，也没有觉得很难过。其他大人都说，我是个小大人，见到我父母的时候，我的脸上也没有任何的表情，一般来说，小孩子或多或少会生气，但是我就是十分冷漠。那时的我一度认为，我的母亲不是一个好母亲，她也并不爱我，因为我的母亲是一个总是会关注自己的人。任何人都是第一次当母亲，为什么我的母亲就不能像别人一样呢？我的母亲只会抱怨，抱怨她自己一直被禁锢在小山村里面，守着铺子、守着房子；我的母亲总是会对我唉声叹气；我的母亲总是会跟父亲争吵……"

我的妈妈为什么不爱我呢

我们常问，爱是什么？答案众说纷纭。心理学家哈洛做了一个实验，在实验中，哈洛用数据和事实告诉我们，爱是一种依恋。他用一群恒河猴做实验，给小恒河猴们做了两个妈妈，一个是温暖的棉布"猴妈妈"，另一个是铁丝"猴妈妈"，两个笼子之间有往来通道，猴子可以自由进出。铁丝"猴妈妈"身上有奶，棉布"猴妈妈"身上没奶。通过观察小猴子的行为，研究者发现小猴子更喜欢棉布"猴妈妈"。它们只在铁丝"猴妈妈"那边吃奶，其他时候都会去棉布"猴妈妈"那边，每天都抱着棉布"猴妈妈"寻求温暖。心理学家把这种行为叫作"依恋"，同时也是"爱"的起源。这个实验得出的结论是母亲的触摸对于孩子是十分重要的，爱最早是从触摸开始的。之后，哈洛进行了后续的跟踪观察，发现在这种假妈妈抚养环境下长大的猴子，变得孤僻，不愿意与其他在正常环境下长大的猴子亲近，它们蹲在角落里面，不出去和其他猴子玩耍，别的猴子靠近，它们就会大叫。

这说明，孩子在小时候，母亲对于孩子的抚养十分重要，母子的依恋是不可或缺的。如果一个人小时候没有和母亲建立正常的依恋关系，就会导致亲子关系疏离。母亲不爱自己的孩子的原因，一部分是因为自己的母亲对她的影响，她也变成了和母亲一样冷漠的人，大多数家庭教育出现问题，其实家长自身的童年也过得不快乐；另一部分原因源于某些客观因素，比如家庭的经济条件以及夫妻之间的关系，等等。

怎样才能成为一个爱孩子的好妈妈

首先，改变自己的情绪。情绪是最容易改变的，如果你晚上生气了，也许早晨起床时你的愤怒就没有了。但是一个人多年的认知是很难改变的，所以我们先要改变自己负面的情绪。

其次，母亲要努力改变自己的认知。作为一个母亲，当你有了负面情绪的时候，就要去思考，产生这种情绪的原因是什么？你对某个事件的认知是怎样的？这样的认知是否有不合理的地方？可以准备好纸笔，把自己对孩子的所有想法都写在一张纸上，然后找到其中有哪些想法是不合理的。

再次，用合理的认知替代不合理的认知，并且要为理性的想法找到证据支持。举个简单的例子，孩子没有把某道题做对，于是母亲很生气，对这件事母亲认为，这么简单的题，孩子就应该做对。但这位母亲忽略了：第一，这道题是否真的简单；第二，孩子是不是粗心了；第三，不一定简单的题孩子就一定能做对。

最后，母亲要了解自己行为的深层原因，是不是自己小时候的经历跟自己孩子目前的情况是一样的？要觉察自己是否沿用了当年母亲或者父亲对待自己的模式，并把它延续到了自己孩子的

身上。

让考试什么的都去他的吧

我总是能看到许多小孩子，他们拉着行李箱，匆匆忙忙地赶往学校。我上学的时候并没有见过行李箱这样的新鲜玩意儿，我们都是背着一个双肩包，高高兴兴地上学去。但奇怪的是，我从那些拖着行李箱的孩子的脸上并没有看到这个年纪应该有的高兴模样。

某天下班回家，突然天阴沉下来，仿佛要把人吞噬掉的样子。我心想："应该是要下雨了，噢！忘记带伞了。"不巧的是，真的下雨了，成都的夏天总是这样，暴雨说下就下，于是我只能去前面的公交站台等待雨停。当我到达公交站台的时候，看到一个孩子拿着自己的试卷，耷拉着脑袋，蜷缩着身子，他身穿蓝色的上衣，上面有一些污渍，应该是因为下雨摔了跤，下面穿着一条短裤，纤细的小腿像是支撑不了他的身体一样，看起来他似乎懊恼又无助。于是我慢慢走近他，问他："我能坐在这里吗？"男孩抬起头看我，淡淡说道："你随意，只要不是坏人就可以坐这里。"这个男孩可真是有趣，我心想。沉默了好一阵子，终于我先开了口。

我好奇地问道："你手里面拿的是什么呢？"

他无精打采地说道："没什么，就是一张不知道怎么处理的废纸而已。"

我问道："能给我看看吗？"

于是他随意地递给了我，这是一张数学卷子，上面写了一个鲜红的数字——32，老师的评语是这样写的："明天让你家长过来一趟。"

我问道："所以你不知道怎么跟你父母说，是吗？"

他说："是的，我爸会打死我的，他一定会说，'我花钱供你读书，你就给我考个 32 分，你看别人家的孩子都不是你那样的，就你是这个样子……'"男孩说着双手抱头，然后哭了起来。我能做的仅仅是拍拍他的背，陪他度过了那个下雨的午后。

走之前男孩问了我一个问题："我真的很差劲吗？"

我告诉他："你一点都不差，你是最棒的，你以后一定会成为一个优秀的人，考差一次并不代表什么，让考试什么的都去他的吧！"

分数真的能够代表一个人成就的高低吗

现在我们经常可以看到那种每周要参加很多补习班的孩子，这类孩子只要没考到让父母满意的成绩，他们就会十分自责，认为自己辜负了父母的期望，最后会陷入自我否定之中，觉得自己考试没考好，就是一个很差劲的人，觉得自己非常失败，于是从此丧失了信心。这样的孩子从小就面临着巨大的学习压力，他们的父母总是要求很高，希望自己的孩子出人头地，而他们衡量的标准就是分数。从埃里克森的人格发展阶段论来看，这个时期属于学龄期，体验的冲突是勤奋对自卑。在这个时期我们可以发展自己的学习能力，同时这个阶段的孩子十分听父母和老师的话，以他们的话为权威意见，所以这个时期父母的评价对他们十分重要。这一时期发生的事件对孩子以后的自律能力也有非常大的影响。

在多年以前，美国教育事业蓬勃发展的时期，学校会测量学生的智商。然而一个人智商的高低并不能代表一个人智力的高低，这是社会对于智力的普遍误解，不管是以前还是现在，仍然有一些学校会借助智力测验测量学生的智力，然后根据测验的结果，将学生分配到不同的班级。但问题是仅凭单一的测验就给一个孩子的聪明程度定性是否客观？这样的结论在某种程度上也影响老师对待学生的方式，如果说老师对学生一视同仁，没有差别，肯定是不可能的。或许此后测验结果表现不佳的孩子还要受到很多消极的评价，一直被"你怎么这么笨"的话所伤害。且不说学校通行的制度如何，但这个衡量标准就一定对吗？答案是否定的。

在中国的考试制度里面，对学生的衡量标准就是分数，这是从小学开始就一直延续下来的。父母、老师以学生的分数为标准判断他是不是一个聪明的学生，成绩优异的学生总是会受到各种优待，比如你成绩好，就可以得到父母和老师的肯定，你一定是这个班级中的正面典型，而那些成绩不好的学生则是反面典型，尽管成绩差的学生可能篮球打得非常好，但他也得不到老师的正面评价——"篮球打得好有什么用，你有时间花在这上面还不如好好学习"。于是打篮球的热情被浇灭，学习成绩仍然没办法提高。新闻中偶尔会出现这样的消息，比如，惊闻某高校鼓励学生打职业游戏竞赛，学业可以暂时放在一边。于是网络上就会出现各种各样的评论，说这个高校的教学理念有问题，以后不要让孩子读这所高校，等等。是另类学校的教育理念有问题，还是我们的判断标准出了问题？

其实，人的能力不仅会表现出结构上的差异，还会有发展早晚的差异，也就是说有些人可能记忆力比较好，但是逻辑思维能力差一些；有些人可能推理能力强，但是语言组织能力不行；有些人可能智力早熟；有些人或许大器晚成。如果对于智力或者能力的认识不到位，就容易导致偏见的产生。

当孩子没有达到我们要求的时候，该怎么做

首先，不要用道德绑架自己的孩子。孩子是天赐的礼物，不是用来满足自己欲望的工具。很多父母之所以会对自己的孩子提出过高要求，一个最常用的借口就是："我是为你好。"然而就是这样一句话，就是这样的道德绑架，才让孩子成为父母实现自己未完成心愿的工具。

其次，父母要思考，为什么自己总是以分数为标准去衡量自己的孩子，是不是自己的父母也是这样衡量自己的。从认知疗法的角度看，孩子一次考试考差了，就认为孩子其他方面也很差，这是一种不合理的判断，是一种以偏概全的错误结论。这种不合理的判断导致我们说出伤害孩子的话，对于孩子来说，内心留下的是一种创伤。因为家长这种不合理的判断会传递给孩子，孩子以后也会带着这种不合理的判断生活下去，在一次次的失败中，就会一蹶不振，最后否定自己，变得越来越没有

自信，越来越自卑。当然，以分数来衡量一个学生的能力与我们的社会文化是分不开的。

最后，不要对自己的孩子要求太严格。我的一位朋友是数学老师，她曾经跟我说，"现在的家长不知道是怎么了，明明自己的孩子数学已经考到 141 这样的分数了，但是家长还是要求我们教师要多管管他的孩子，对他多上心。能考到 141 分不仅仅是因为老师的教育，老师只能教到最多 120 分，还有的 21 分与孩子自己思考、自己努力是分不开的。尽管如此，这位家长还是坚持自己的想法，觉得自己的孩子还可以考得更好，要求老师要多关注他家的孩子"。

这位家长的做法显然是不正确的，孩子考到了这样一个分数，家长的第一反应应当是给孩子鼓励，而不是告诉他，你还可以考得更好，一点鼓励都没有，孩子怎么会有前进的动力？就像行为主义学派的斯金纳所说的那样，我们想要让孩子的某种行为增加，持续做出我们想要的行为，就应当给他提供一些奖励或者减少一些惩罚，而不是一点鼓励都没有，家长的鼓励以及关心对于孩子是十分重要的。

当我变成我妈

"在我的印象中，我的妈妈是一个不太爱笑的人，她总是忙于自己的事业，没有太多和我相处的时间，虽然我也不知道她究竟在忙些什么。一直以来都是爸爸在我的身边陪伴着我，我和爸爸的感情很好。不管是从小学到初中，还是到高中，我总是小心翼翼地跟着妈妈的步伐走，从小我最怕的一件事就是，妈妈生气、妈妈不高兴、妈妈骂我。所以二十多年来，我一直小心翼翼地维护着我和妈妈的关系，妈妈想让我把英语学好，我就努力学英语，然后拿到全市第一，妈妈对于这样的我很满意。其实我也没有多喜欢英语，但是只要妈妈喜欢就够了。一直以来我都表现得很好，爸妈对我都很满意，觉得我是一个非常优秀的人，觉得我优秀到男生可以来追着我，护着我，要把我捧在手心里。其实我也是这样认为的，认为只要是我的男朋友，他一定要围着我转，他就应该把我捧在手心……

"大学时期我开始恋爱，但是因为妈妈，我和他分手了，妈妈总是说，'你大学时期不能谈恋爱，大学时期谈的恋爱能走到最后吗？你只能工作之后再谈恋爱'，于是就在妈妈的阻挠下，我和初恋分手了。这是有史以来，我第一次和妈妈发生争吵，从小到大，我没有反抗过她。从此以后，对于恋爱，我开始变得随便，妈妈给我安排，我就去相亲。我已经是一个离过婚的女人，虽然当时我只有 24 岁。这个男人也是妈妈当时满意的，我和他离婚，妈妈也一度愧疚过，这给她的打击很大，她认为自己看错了人，但是结婚也好，离婚也罢，我已经无所谓了。我谈了 6 次恋爱，每一次分手都是莫名其妙的，并且只要对方做得让我不满意了，我就会跟他分手，从来不管别人的感受。就是因为这样的性格，我放弃了我曾经很爱的男生。如今我已经 27 岁了，但是我还是没有找到一个真正适合我的人。每一次分手我都觉得是别人的问题，直到现在我才知道，都是我自己的问题。我变成了和妈妈一样苛刻的人。"

当我成为我妈的时候，发生了什么

精神分析理论的创始人弗洛伊德曾经讲过关于投射的概念，经过心理学界后续的发展，我们可以把投射理解为一种自我保护机制。简单地说，投射就是把自己的动机、欲望转移到别人的身上，也就是说，个体根据自己所存在的心理特征和想法，推测其他人身上也存在这样的情况。举个例子来讲，比如有社交恐惧症的人，只要身边一有人议论，他就会觉得对方是在说他，但实际上别人只是在聊天而已，并没有讨论他，更没有嘲笑他。我们可以把这个过程称为投射。

在前面的故事里面，体现的是一种投射性认同，它和投射存在不一样的地方，就是存在对他人的行为和情感的操控。心理学家克莱因对投射性认同最开始的解释是从母婴关系上展开的，其中存在两个角色，一个是投射者，另一个是接收者。投射者将自己的想法、情绪投射出去，接收者被迫对于投射者的行为做出反应，接收者甚至不会意识到投射者在影响自己，有时甚至投射者自己也不知道。在这样的无意识操控下，接收者就会无意识地成为投射者感受和内心表象的储存室，当他开始被迫接受投射者的想法、感受之后，在特定情境下，就会把投射者储存在他大脑中的感受和内心表象提取出来，表现出与投射者一样的行为，并且产生认同感。

就前面的故事来说，为什么我成了我妈？妈妈其实就是投射者，而"我"就是接收者。在二十几年的生活中，"我"不断地接受妈妈处理事情的方式，她和爸爸的相处模式，妈妈对待爸爸的方式就是"我"对待自己所有伴侣的方式；妈妈对待生活，对待人际关系的方式，就是"我"的生活方式。"我"一直没有发现，原来"我"成了像妈妈一样的人，"我"明明很讨厌这样的人。所以这也就是为什么我们总说自己都活成了自己最讨厌的人，而不是成为我们最想成为的人。然而这一切都发生在我们的潜意识中，无法察觉，当这些造成比较严重的后果时，我们才会意识到发生了什么。刚开始的时候，大家或许比较难接受这样的结果，因为每个人都不愿意承认自己是不好的，只有开始面对真实的自己，才是一个好的开始。

我怎样才能找到出路呢

首先，我们要反思自己的行为。曾子说，"吾日三省吾身"，是有一定道理的，有很多研究都证明，能够对自己的行为进行反省的人，往往会有更融洽的人际关系和更稳定的恋爱关系。因为他们能及时发现自身存在的不足，还会跟自己信任的人讨论，而不是对自身的错误放任不管。

其次，我们也可以应用一些心理学的技巧寻找答案。有一个大家可以借鉴的方法：拿一张 A4 纸，准备一支笔。画一张家族谱，这张家族谱包含你的整个大家庭的所有成员，你的爸爸、妈妈、叔叔、阿姨、外公、外婆、爷爷、奶奶、姐姐、妹妹、哥哥、弟弟……不管是在中国还是国外，家庭对于人的一生的影响都是十分大的。家族谱源于萨提亚模式的一种治疗方法。在绘制家族谱的过程中会使用一些特定的符号，比如：方框代表的是男性，圆圈代表的是女性，打叉代表的是死亡。还有代表相互关系的符号，比如：粗线是代表长期的冲突关系；普通实线代表的是一种正常的关系；波浪线代表的是一种纠缠不清的关系；虚线代表的是一种回避的关系。根据这四种关系，我们可以大致看出在这个家族谱中，家族成员之间的关系模式。

同时，对于家族谱上面的每一个成员都要补充一些信息，例如：姓名、年龄（如果是已经去世了的，就写死亡时的年龄）、性别、宗教信仰，还要写出你对于家族成员的三个正向形容词、三个负向形容词，这个可以体现出你对于这个人的看法和评价。然后要在 A4 纸上填写关于应对姿态的信息，应对姿态包括四种，分别是指责、讨好、超理智和打岔。应对姿态是每个角色在你所回忆的事件中面对其他家族成员采取的姿态，是害怕父母生气而努力做出的一些行为，讨好自己的父母，就像案例中的当事人一样，怕妈妈对自己失望，所以拼命学英语；或者是指责，指着别人的鼻子破口大骂；或者十分理智地看待自己家中所发生的事情；或者整个姿态是十分矛盾的，无法进行准确的定义，就像小丑滑稽表演中的打岔。应对姿态对于我们深挖自己的家族关系以及了解自己在其中的地位是十分重要的。通过家庭关系的梳理，我们就可以发现自己是否陷入了投射性认同的旋涡。（最好是通过心理咨询师进行解释，找到答案，但对于认知水平较高的人来说，也可以自行尝试。）

萨提亚的一个核心理念就是通过四种姿态的雕塑，让当事人重回当时的情境，然后在当时的情境中，完成当时留下的遗憾和痛苦，得到治愈。其中就包括摆脱投射性认同的无意识影响。在条件不具备的情况下，我们可以将这种姿态在纸上呈现出来，从中看到自己在家族中的姿态是什么，自己要寻找的答案是什么。同时还要回答这些问题：

1. 爸爸和妈妈的相处模式是怎样的？

2. 我和伴侣之间的相处模式是怎样的？

3. 妈妈或者爸爸跟我有什么共同点？具体的表现是什么？

4. 造成我的处事方式的原因是什么？

5. 爸爸妈妈对于我的感情、态度是怎样的？

6. 我是怎样对待自己的伴侣的？

因为我是姐姐

一个典型的大家庭，三个兄弟姐妹，大姐下面还有一个弟弟、一个妹妹，年龄差距并不大。但仅仅是因为这一点点的差距，老大总是会承担起一个姐姐的责任。很多人会认为这并没有什么奇怪的，觉得这是天经地义、理所当然的事情，就像父母就应该履行好他们的职责一样，但是总有一些人深受这种出生顺序的影响。也许如今，有很多兄弟姐妹的家庭已经不如以前那样多了，所以这个现象并不明显，但仍然存在。

曾经有一个十几岁的女孩，来到我这里咨询。她看上去很懂事，也很有礼貌，说想跟我聊聊，我让她坐了下来，尽量离她1.2

米远，保持一个比较友好的个人距离。她告诉我，自己离家出走了，我问她为什么，她说她当不好他们的姐姐，很累。女孩低着头说："我们家有五口人，我还有一个弟弟和一个妹妹，我们年龄相差不大，而我就是最大的一个，从小父母就教育我，要我让着他们，因为我是姐姐。刚开始的时候我觉得很开心，因为有人陪我玩了，我很有责任感，爸妈说得很对，做姐姐的就要照顾弟弟妹妹，一直以来我也是这样做的。

"但正是因为我是姐姐，我不仅要帮父母做家务，还要照顾弟弟妹妹。我每天要很早起床，因为我要给家里人煮早饭，父母工作很忙，为了这个家，我必须要懂事一点。煮了早饭之后，我要去叫弟弟妹妹起床，然后我再去上学，同时我还必须保持很好的成绩，因为我要做他们的榜样，我不能让他们觉得自己的姐姐很差劲。回家之后要给家里人煮晚饭，还要接弟弟妹妹放学，等到忙完这些，我已经没有太多自己的学习时间了，但是我告诉自己这是我必须要做的。

"但我的付出一点回报都没有，所有人都认为这是我应该做的。有一天，我们一家五口在吃饭，妈妈给每个人都买了礼物，我很开心，因为我一直想要这个礼物。但弟弟很想要我的礼物，因为弟弟总是最受宠的那个，只要他想要的父母都会满足他，然后妈妈就让我把礼物给弟弟。我既委屈又难受，不知道是哪里来的勇气，就把弟弟推倒了，然后把礼物扔在了地上。在这个时候爸爸就骂我了：'你是姐姐，你就不能让着点弟弟吗？怎么这么不懂事……'从那之后，我就开始十分厌恶姐姐这个称号，因为我最大，所以必须让着他们；因为我是家里的长女，所以我必须要坚强；因为我比他们大，所以我没有任何选择的权利。

"我甚至开始怀疑我是不是爸妈亲生的，也许我走了，他们会更加开心。于是我就离家出走了。我感觉我得到了解脱，但是好像又十分空虚。"

出生顺序是怎样影响我们的

出生顺序影响着人们的教养方式，全世界都是如此，不管在哪里。大量的研究也证明了这一点，为什么年龄最小的总是受宠呢？为什么最大的那个总是被分到最少爱的那一个？为什么最小的犯错误要由最大的那个来承担？这似乎是一个不解之谜，深深地影响着我们人格的塑造。

随着二孩政策的开放，今后会有越来越多的家庭面临着不仅仅是教育一个孩子的问题，而是两个或者是多个的问题，如何在两个孩子中达到平衡，是这一代父母面临的责任和课题。因此，认识并了解关于出生顺序对孩子性格的影响是十分有必要的。一般来说，第一个出生的孩子，也就是老大，他们总是具备这样的特征：听话、懂事，是家里面的乖孩子，学习成绩好，不需要父母过多的操心；同时他们还十分尊重权威，希望尽自己最大的努力讨好自己的父母，不想让父母失望；追求完美主义，做事就想要做到最好，有着十分高的成就动机；在工作和学习中总是想要树立一个比较好的榜样。你可以仔细观察一下，一般来说都是老大的学习成绩最好，不仅对自己严格，对别人也很严格，甚至达到了苛刻的地步，但也非常有责任心，会主动承担起自己的责任，他们总是十分独立。

第二个出生的孩子，也就是老二，如果父母有了第三个孩子，老二的地位就会发生变化，所以他们会因自己在家中地位的变化而产生焦虑，这就导致了他们在今后的生活中会积极地寻找自己的定位，不能成为父母心中听话的孩子，因为已经有老大了，也无法成为父母最宠爱的孩子，因为还有一个最小的，所以他们是最缺乏安全感的孩子，并且也会为了显示在家中的地位，故意做一些事情来吸引父母的注意。因为在家中他们难以找到自己的定位，所以他们会努力向外发展，因此这类孩子往往有着良好的社交技巧和沟通能力。

第三个出生的孩子，总是得到父母的爱更多一些，他们看起来像是长不大的孩子，依赖比自己年长的人。所以相比于老大和老二来说，显得更加任性一些，也是和父母反抗的那一个。同时他们难以做出决策，经常寻求父母的帮助，无法承担起重担，但他们总是热情活泼的，喜欢无拘无束的生活，对于艺术更加感兴趣。

如何降低这样的影响？

很多时候，我们都为自己存在这样那样的缺点和不足而深感痛苦，但是又觉得无法改变，甚至认为这是生在我们骨子里的东西。其实这并不是很难改变，我们需要做的就是两手抓，一方面父母需要做好自己的分内之事，了解每一个孩子的特性，在对待每个孩子的抚养方式上采取不一样的做法：父母对待老大不应该过于苛刻，适当地给老大可以喘息的空间，也不要带有刻板印象——因为你是老大，所以你就应该让着小一点的，这显然不是正确的价值观和人生观。正确的做法是立足于客观事实，而不是基于传统、保守的观念。父母教育的目的就是让孩子形成一种正确的价值观和人生观，否则在这样的观念下成长的孩子会失去自我，不去争取自己想要的东西，容易放弃。

同时作为家中的长子长女，抛开传统的儒家思想不说，即便是弟弟妹妹，也应该建立彼此间的边界感。如果案例中的姐姐真的将这份礼物让给弟弟，其后果会不会让弟弟认为，只要是自己想要的，父母都会给他呢？那么传统文化中孔融让梨的故事就无法传承下去了。即便自己是家中最大的那个孩子，也不要给自己设置太高的标准，不管是在学习上还是生活上，承认自己某一方面不行，别人比自己优秀，也是一件需要勇气的事情。老大要学会将自己的想法表达出来，告诉身边的人自己的真实想法，用这种方式来代替通过讨好别人获得爱的做法，是尤其重要的。

老二要积极寻找自己的存在感，要明白自己不是被忽略的那一个，父母也是爱着你的，只是他们偶尔会忙不过来，要学会去理解父母，他们要工作、要养家。你也可以成为姐姐或者哥哥的小帮手，如果他们不给你定位，就要学会自己给自己定位。

最小的你，要改变自己任性的一面，要懂得父母以及哥哥姐姐们对自己的付出，要怀着一颗感恩的心，因为他们对你的爱不是理所当然的。学会慢慢长大和爱别人，将会是你一生都要修炼的功课。

为什么别人总是误解我

我的妈妈总说我是一个很爱炫耀的孩子，虽然我并不明白，妈妈说的炫耀是什么意思。每当我家里来了小朋友的时候，我就特别高兴，所以我总是把我很喜欢的玩具给别的小孩子看。但是这个时候妈妈总是会表现出一种十分不高兴的模样，特别是其他家长也在的时候。一般这个时候，我妈总是说我，让我把玩具拿回去。但是我只是想给小朋友分享我的东西而已，妈妈不是说过，要学会分享吗，为什么妈妈还是不高兴。

长大之后，我就面临了友谊危机。因为我喜欢跟我的朋友们分享自己去哪里玩了、买了什么东西，我希望可以分享给他们，但是总是被人误解为炫耀。他们还说："你能不能不要老是炫耀你去哪里玩了啊，你厉害可以了吧！你去过这么多地方，我们没有去过，你就这么喜欢跟我们炫耀你过得有多好，是吧！"

我其实很想告诉他们，我不是炫耀，但是他们好像都不太想跟我说话了，我想我应该是被孤立了。直到那个时候，我才知道，小时候为什么小朋友的家长们都不太希望他们的孩子和我一起玩，也知道我为什么一直没有几个朋友的原因了，大家都不喜欢和爱炫耀的孩子一起玩。

小孩子的炫耀究竟是什么

其实我不是爱炫耀，是没有度过自我中心阶段。著名的心理学家皮亚杰告诉我们，每个人一生中都有若干个发展阶段，每一个阶段，智力发展都具有不同的特征。2～7岁的时候，是前运算阶段，在这个时期，我们思维发展的一个重要特点就是"自我中心"。这里的自我中心不是说我们十分自私，而是指这个时候的儿童还没有发展出自己和别人的思维是不一样的，也就是还没有区分自己和他人的概念，认为自己喜欢的别人也会喜欢，认为别人和自己是一样的。所以孩子认为自己喜欢的玩具，别人应该也是喜欢的。但是妈妈并不了解孩子这个阶段的思维特点，因此就误认为自己的孩子爱炫耀。一般而言，思维的下一个阶段就是发展出"去自我中心化"的特征，如果这个阶段没有得到顺利发展的话，可能这样自我中心的思维会影响自己以后的生活，因此这样的人在长大以后容易被人误解。

同样，还有很多例子是父母没有正确了解孩子具有不同的思维特点。有一个真实的故事，一个两岁的孩子正在家里开心地玩着自己的小火车，然后家里来客人了，是附近的邻居带来的和他年龄差不多的孩子，那个孩子看到小火车后也想玩这个玩具，但是这个孩子死活都不肯给，还在家里面大吵大闹。于是正在做饭的父母赶紧出来了，看到了这令人尴尬的局面，邻居不高兴地说："不就是一个玩具嘛，我们又不是买不起玩具，我们家孩子就是想摸一下而已，他都不肯。你们啥意思啊，对我们意见很大嘛！"

听到邻居这样说，孩子的母亲是又羞愧又不知道如何是好。为了缓解矛盾，就把这个玩具给邻居的小孩玩，而自己家的孩子就开始大哭大闹。要是情节继续发展，父母会因为孩子不懂事而打他、骂他。于是，亲子之间的隔阂就产生了。如果有经历过类似情况的家长，请你们想一下，为什么孩子不愿意把自己的玩具给别人玩。难道不给别人玩就是自私吗？两岁的小孩子，他们知道自私是什么吗？我们总是会对孩子产生误解，就是因为我们不了解他们的心理发展特点，所以我们就会用自己的标准去衡量孩子的行为，其实这是不对的。

实际上，我们在两岁的时候开始有了物主意识，对于自己的物品占有欲很强。所以孩子会觉得这是他自己的东西，不是别人的，所以就不会给他人，这是正常的现象，这个时候的孩子还不会考虑别人。所以家长如果把孩子的东西给别人，他就会很生气，在某种程度上可能还会导致攻击行为。到了5岁的时候，对象就开始由物体转为人了，孩子开始有了对同伴的攻击行为，小男生总是会打打闹闹，小女生总是会吵吵闹闹，这都是很正常的现象，只要不伤害别人，就不是什么异常的行为。

因此，作为家长，看看《发展心理学》，增加自己的知识储备也是有必要的。

我该怎么办

第一，学会在游戏中成长。看起来自我中心是一个问题，但是并不是没有解决的办法。游戏疗法就是摆脱自我中心的一个有效的方法。3～6岁的时候，是幼儿时期，这个时期我们的身体有了一定的发展，对世界充满了好奇心，也想参与社会实践。如果仔细观察就会发现，很多幼儿都想要帮爸爸妈妈做一些事情，所以这个时候不能限制他们这样的愿望，也不要什么事情都帮他们做好，有些孩子甚至连鞋带都不会系。由于孩子自身能力有限，又想要发展自己的技能，最好的办法就是游戏。

游戏疗法的理论来源是精神分析理论，他们认为游戏可以补偿现实生活中无法满足的愿望和克服创伤性事件。通过游戏的方式，儿童可以逃避现实的压力，发泄在现实生活中产生的不满，缓解自己的紧张心理，同时发展自我。游戏是一种健康的发泄方式。在游戏中，儿童可以复活他们的快乐经验，也可以修复他们的心理创伤。因此，游戏疗法广泛应用于矫正儿童心理和行为异常的诊疗中。游戏疗法在团体辅导之中也得到应用，通过设计一些具有象征性的游戏，使我们自然地接受心理投射和升华，缓解自己的焦虑。这就是心理学的神奇之处。

游戏对于去自我中心有着重要影响，游戏具有社会性，比如过家家这样的游戏，是一种社会生活的初级模拟，虽然不是完全一样，但它反映了儿童周围的真实生活。在游戏的过程中，必然会涉及与其他人的交往，这就表示儿童可以在这个过程中学会更好地理解他人的想法和情感，培养儿童的同情心，使他可以慢慢学会从别人的角度考虑问题，因此可以帮助儿童摆脱自我中心的倾向。如果一个人长大之后还是一个过于以自我为中心的人，可以思考一下小时候自己是不是总是一个人，是不是没有和邻居家的孩子一起玩耍过。

第二，增加群体的沟通。在人与人的交往中，难免会出现很多问题，关键在于大家要拥有解决问题的能力，当然这不是鼓励人们发生争吵。可以尝试的一个解决办法是，作为孩子的家长，要学会耐心地向孩子提问，尤其是第一次做爸爸妈妈的人，要学习很多育儿经验。要知道孩子们的世界和成人所理解的世界是有很大不同的，因此我们不能用成人的看法去评价孩子，这是不妥的。

当然如果孩子长大了，被别人误解了，首先可以做的事情就是联想一下自己小时候，是不是也遭遇过被误解的经历。其次，我们需要跟自己所在的群体沟通，我曾经跟最好的两个朋友吵过架，彼此都不愉快，于是其中一个朋友就提议三人一起去一个比较隐蔽的地方，相互说出看对方不顺眼的地方，彼此吐槽，但是吐槽的话仅仅限于那个地方，不能带到其他地方，最后我们三个就和好了。所以彼此产生误解，其中一个最重要的原因是彼此不了解，如果一个人足够了解你，那他就知道你为什么要这样做，就不会产生那么多误会了。

第三，加强同理心训练。什么叫作"同理心"？这是一个在心理咨询中常用的词汇，也是一个咨询师必不可少的素质。简而言之，就是我们能够站在别人的角度为别人考虑，你能否同样体会到别人的痛苦？比如一个女孩来向你倾诉，她告诉你，她最近十分烦躁和痛苦，因为她总是和男朋友吵架，然后她哭了，如果你能够理解她此刻的心情，而不是告诉她："这没什么好哭的，不就是和男朋友吵架了嘛。"那你就具备了作为心理咨询师最基本的条件。所以我们可以站在朋友的角度想一下，要是身边总有一个人，说他去了某个地方，然而你没去过，相比之下，就觉得自已很差劲。如果你试着去理解朋友的心情，就能够知道朋友为什么会觉得你是在炫耀了。

依恋等于爱

依恋最早来源于母亲（抚育者一般是母亲）和孩子之间，在心理学上的定义是孩子和母亲形成的一种社会性联结，是一个孩子情感社会化的重要标志。如果你仔细观察身边的小孩子，你会发现不同年龄阶段的小孩会出现不同程度的微笑，如果有机会，可以拿身边的孩子做个实验。一般来说，三个半月之前的孩子对所有人的微笑都是一样的，不管是母亲还是陌生人，他们的微笑都是相同的，这叫作"社会性微笑"。但是随着年龄的增长，孩子和母亲朝夕相处，渐渐地只想和母亲在一起，孩子不再对所有人都报以微笑了，而只对能够照顾自己的人笑，这就叫"有选择的社会性微笑"。到了 6 ～ 8 个月的时候，婴儿就会产生陌生人焦虑和分离焦虑，当产生这种焦虑的时候，和母亲的依恋也就应运而生了。

依恋实验

心理学家安斯沃斯设计了一个实验，叫作"陌生情境实验"，在这个实验中，根据婴儿的不同表现，他划分了几种依恋类型，分别是安全型、回避型和矛盾型。作为一个热爱心理学的人，我当然也就不能错过这样一个实验，刚好我们家兄弟姐妹都各自生了孩子，于是我也模仿安斯沃斯，做了一个这样的实验：孩子和母亲进入一个房间，里面有玩具，可以供他们玩耍，过了一会儿，请一个陌生人进来，和孩子一起玩耍，母亲需要趁孩子不注意的时候出去，经过一段时间之后再回来，观察的指标就是孩子在母亲出去后的反应以及母亲回来后与母亲的互动。

结果正如安斯沃斯所说，我的大侄子就是安全型的婴儿：母亲在的时候，他能够在房间里面自由地爬动，玩弄玩具，也能够和陌生人积极互动，因为他认为母亲在这个地方就是安全的。但是随着母亲的离开，他发现了，但是没有哭闹，不过手上玩玩具的动作停止了，且不断看着周围，和陌生人的互动也少了，直到母亲回来，他十分迅速地爬向母亲，在得到母亲安抚之后，又会继续玩耍。

二侄子是回避型的。在这个房间里，二侄子自己玩自己的，母亲走了之后仍然玩自己的，母亲回来之后还是玩自己的，一心沉浸在自己的世界里面，偶尔抬个头看一下，并没有像大侄子一样。刚开始我以为二侄子只是不爱笑而已，没想到他居然是回避型依恋的婴儿。

最小的侄子，我总是听他母亲抱怨，说这孩子很不好养，总是折腾她。通过这次实验我终于知道了，小侄子是反抗型的。小侄子在母亲要离开的时候表现得十分警惕，眼睛瞪大，玩具也不玩了，看到母亲走了，就立马反抗，大哭大闹，还扔玩具，扔得到处都是。但是母亲回来的时候，他不是立刻跑到母亲身边，母亲抱他，他还会反抗；不抱他，他又会用可怜巴巴的眼神看着母亲，我想用"傲娇"来形容他最合适不过了。

所以，可以得出这样一个结论，婴儿时期的依恋类型会对婴儿的心理发展产生重要的影响。之所以要跟大家解释这个实验是因为，早期的依恋风格会影响我们的情绪、人际交往，甚至是亲密关系的建立。现在很多人都缺乏一种十分重要的东西，叫作"安全感"。为什么我们总是害怕失去对方？为什么我们总是害怕因为自己做错了什么事情而失去别人？为什么我们需要安全感？安全感究竟是什么？我们又该怎样增加自己的安全感呢？

安全感如何建立

从这个实验就可以看出，最具有安全感的是我的大侄子，因为早期依恋关系健康，所以在成长的过程中，他会拥有良好的人际关系，和他在一起的朋友或者是恋人不会感到缺乏安全感，他也非常有可能发展成安全型的成人依恋风格类型。

我的二侄子最有可能发展为回避型的成人依恋风格类型，在成人的依恋中和婴儿的表现会有所不同，成人的回避型一般会表现为十分重视自己的私人空间，他们更多地考虑自己的时间而不是伴侣的，他们也很少向他人表露自我，遇到问题不会主动沟通解决，而是选择回避。很多时候你可能会觉得他并不爱你，但是实际上只是你们之间的依恋风格类型不同而已，而最早的起源就要追溯到当事人小时候与母亲的依恋关系了。

最后就是我的小侄子，是最缺乏安全感的，我们可以很直观地看到他的表现。当然，他之所以会变成这样可能和他母亲的抚养方式有关，想管的时候就管一下，不想管的时候就不管了。这类婴儿不改变自己的依恋风格类型，也许会发展为焦虑型的成人依恋风格类型，他们总是感到焦虑，害怕自己会失去一段关系，所以经常会出现一些过激的行为，甚至让对方不舒服，因为他们无法忍受孤独。而且他们会天然地被回避型的人所吸引，所以他们总是痛苦的。

还有两种成人依恋风格类型较为居中，就是疏离型和痴迷型，感兴趣的朋友可以去了解一下这类理论，你就会更加理解你的伴侣，甚至可能会解答你长期以来的疑惑。

所以母亲在抚养自己的孩子的时候，要学会积极关注，正确感知孩子的需求，鼓励孩子积极探索，不能让工作繁忙成为你不管孩子、扔给长辈的借口。

性别化与第三性别者

"那件粉红色的衣服看起来好好看啊，为什么女生的衣服这么好看，我们男生的就这么单调、这么丑，好想穿这件裙子啊，可惜爸妈不让我穿女孩子的衣服。爸妈最讨厌了，为什么不能支持我的爱好啊，还总说我是个男子汉，可我真的一点也不想当男子汉，我喜欢女孩的衣服，喜欢裙子，喜欢发夹。但是这些我只能看着别人穿，我以后要成为一个设计师，设计出好多好看的衣服，我要是女生就好了。"一个男孩这样说道。

"为什么我偏偏是女生，老朽应该是一个男人才对，当女生真是太麻烦了。如果我成了男人，我可以随意地洗头，还可以赤裸上身，穿衣服十分省事，一点也不麻烦。为什么我非得是个女生，我想要成为男生。"一个女孩这样说道。

或许我们不应该叫他们纯粹的男生或者是女生，应该叫作"第三性别者"。

性别的社会化

我们知道，性别的社会化是指一个人认同自己的性别以及他所处的社会对于男性和女性的要求的过程。而性别化的社会化受多方面的影响，自己本身、他人、社会都对我们的性别社会化产生重要的影响。一个人的性别社会化的过程是这样的，首先经历了理解性别，也就是说知道自己是男是女。比如我知道我自己是一个男生并且知道以后会成长为像爸爸那样的男人，而不是像妈妈这样的女人，我不会因为我戴了女生的发卡就会变成女生。在我们理解自己性别的基础上，我们会形成对性别角色的标准，也就是说社会上公认的男性应该是怎样的，女性应该是怎样的，从这一方面反映了社会对于不同性别成员的期望是怎样的。

一般来说，在一个普通家庭中，母亲是温柔、做饭好吃、把家务收拾得很好的那一个，而父亲是坚强、严厉、独立、辛苦挣钱养家的那一个。于是，儿童会根据父母的表现形成对自己的性别角色的标准，如果其他家庭的父母和自己的不一样，他们就会十分疑惑。很多孩子也不能理解为什么母亲很严厉，爸爸很慈祥，因为他们对于父母的角色标准不同。

在角色标准形成的基础上，我们会产生一种性别角色认同。认同指的是一个人接受并且内化某种价值观和信念的过程。这不代表一种完全统一，而是代表着增加了对一个人的忠诚度和亲密感。大多数儿童与自己的父母认同，就像我一样，我的母亲十分勤劳，总是能够把家里收拾得很整洁，我长大以后也像我的母亲一样，养成了勤劳和收拾屋子的习惯，并且我认为作为一个妻子这是应当做的。

在认同的基础上，我们会产生一种性别角色的偏爱，这种偏爱可以理解成为什么男孩喜欢玩具车、喜欢机器人，而女孩比较喜欢洋娃娃，因为他们已经对自己的身份认同了，所以就会偏爱与自己性别相符的玩具。而形成这样一种偏爱与三个因素相关，一个是自己的能力，也就是说一个天生运动细胞比较好的男生，往往会更偏爱户外活动，而不是在家装扮洋娃娃。另一个是与自己对父母的认同有关，如果相比于妈妈，孩子更喜欢爸爸的话，那么他更有可能成长为像爸爸那样的人，更加认同男性的角色，也就是说大多数女汉子受爸爸的影响更大一些。还有一个十分重要的影响因素就是社会环境的影响，如果社会对于男性更加认同，我们就会更偏爱男性角色。社会上还是有很多性别不平等的现象，女性的地位在很大程度上还是低于男性，所以为什么现在有这么多的女汉子，也是情有可原的。

双性化的优势

很多研究都表明，如果一个男生太具有男子气或者是女子气的话，都不能很好地适应这个社会，也就是说"直男癌"和"娘炮"都是大家所不能接受的。同样地，女生也是如此，如果女性过于强势，也就是我们所说的女强人或者过于敏感和玻璃心的女生，也是人们不太能够接受的。

　　大多数研究表明，双性化的儿童比一般的儿童更加受欢迎，成人也是如此。因此，从小培养好自己对于性别的正确认识，完成性别社会化是十分重要的，这对于我们以后的成长具有重要的意义。

第二章

成长的重建

我们每个人都会成长，我们在成长的道路上，有一首歌是这样唱的：

小小少年，很少烦恼，

眼望四周阳光照。

小小少年，很少烦恼，

但愿永远这样好。

一年一年时间飞跑，

小小少年在长高。

随着年龄由小变大，

他的烦恼增加了。

随着我们不断长大，每一个时期我们都有自己的发展任务，完成这些任务我们才可以获得真正成长，所以我们成为一个独立的人实际上是十分不易的，并且在这样的成长过程中还伴随着很多烦恼。每个人都有自己的烦恼，关键在于我们怎么去看待它，怎么去解决它。我们只要掌握正确的方法和有着良好的心态，就一定会像凤凰一样，在烈火下重生。

我有个不争气的儿子

"当妈妈真的是十分不容易。因为我以前没有好好读书，所以我希望我的孩子可以好好读书。为了他能够上一个好的初中、好的高中，甚至好的大学，我不惜花了很多钱，还经常送他去各种辅导班，为了让他比别人超前一点，在他初一的时候我就给他报了初二的课程班，就是希望他可以在中考的时候比别人超前一点，为的就是能考上一个好高中，最后也能考个好大学。但是我这儿子就是不争气，一点进步都没有，我真的快被气死了。"一个母亲这样对我说道。

可以望子成龙，但是不能违背规律

这位家长的做法可以说是十分极端的，但是这样做的家长的确还不少，他们应该都忘了揠苗助长的故事。每一个孩子在每一个阶段都有他们自己的思维特点，什么阶段该发展什么样的思维，这是人类成长的规律。我们大多数人都只是普通人，只有天才才能够超前发展，但是也得在遵守规律的前提下才行。

心理学家格赛尔做了一个实验：格赛尔找到了很多对双生子，因为双生子可以保证他们的先天条件是一样的，这样就可以控制基因上的差别，简单来说就是为了保证两个孩子的起点相同。格赛尔分别让他们练习爬楼梯，一个是从 48 周开始爬，一个是从 53 周开始爬，到了 55 周之后，48 周开始练习的孩子和 53 周开始练习的孩子在爬楼梯方面没有任何区别。

这就证明了成熟是发展的一个重要因素，一旦孩子的大脑成熟到一定程度的时候，我们甚至都不需要刻意教自己的孩子，他自己就会掌握相应的知识，因为他已经具备了成熟的思维能力和理解能力。所以当孩子的思维水平还没有达到一定程度的时候，请不要逼迫孩子学习他根本无法理解的知识，因为一旦失败，就会极大地打击孩子的自尊和自信。同样，老师们也应该尊重这样的规律。

在成熟的基础上利用最近发展区

最近发展区是心理学家维果茨基提出来的概念，他认为大脑存在两个发展水平，第一个是现有的发展水平，就是一个儿童自己能够独立解决问题时所达到的水平。第二个是儿童在指导下，通过努力能够解决问题达到的水平，这两个水平之间的差值就是我们所说的最近发展。最近发展区代表一个孩子的潜力，所以我们要促进最近发展区的开发。但是，开发最近发展区不是要让儿童学习比自己现有水平高出很多的课程，而是需要根据儿童正常的思维能力提供适当的学习材料，而不是超前的学习材料，否则所做的一切都是无用功。

每个孩子都是非常有潜力的，所以不要责怪你的孩子很笨，也不要总是骂他不努力，甚至不要说再考不上一百分就会惩罚他的话。家长作为指导者开发孩子的最近发展区，比批评、惩罚都更为重要。也许父母会认为，学校里有老师在，所以不用担心这固然是一个理由，但是一个班级这么多学生，老师不可能对每一个学生都特别关注，所以，父母与其将希望寄托在老师身上，还不如将希望寄托在自己身上。如果你想让自己的孩子成为一个优秀的人，那就不要推卸作为父母的责任。并不是说要给孩子报多少的补习班，因为很多补习班的教学质量并不好，孩子们可以自由发展自己专长的时间反而被占用了。我接触过很多孩子，他们都不喜欢上补习班。因此，作为一个家长，多花点时间与自己的孩子共处，亲自去了解他们的学习状况，深入观察自己孩子的学习进度，这样才是对孩子的学业最好的帮助。

"自我同一性"在哪里

一个即将步入大学的学生跟我倾诉她的烦恼：作为一个刚经历过高考的学生，我和大多数人有着同样的烦恼，我不像那些好学生一样，有自己的目标，知道自己要考上什么样的学校，知道自己选什么专业，我只是一个普通人而已。我要决定自己选什么专业、去什么样的学校读书我到底是要离父母近一点，还是离父母远一点？我选了这个专业之后就意味着我要成为那样的人了吗？那我究竟是一个什么样的人呢？我究竟喜欢什么呢？

这个年龄阶段我们需要做很多抉择，不仅仅是读大学之前要做，读大学的时候也要做，读了大学之后还是要做，所以我们总是在迷茫，总是不知道要怎样做才好。但是我身边总是有人想让我快速做出决定，否则就会认为我无能，认为我怎么什么都不知道，增加我的烦恼。一旦心情烦躁的时候，我就会反击，所以我妈总说我不尊重长辈，我想这就是18岁青少年的烦恼吧！上了大学会不会好一些呢？我这样想。

但实际上并不是这样的，上了大学又会出现新的烦恼。逢年过节的时候，那些七大姑八大姨就会抓着我们的手，说个不停，"有没有男（女）朋友啊，没有的话，姨给你介绍个""现在在做什么工作啊，工资多少啊""隔壁××一个月一万块，你有没有一万块啊""大城市多累啦，挣得少你还不如回家来呢"……这就是很多年轻人许久不回家的原因，完全不知道如何应对自己的七大姑八大姨。

建立自我同一性的时期

这并不是一个特殊的现象，因为我们多数人都会经历类似的事情，我们把这个阶段叫作"自我同一性"的建立时期。所谓的自我同一性，简单来讲就是关于我们是谁，我们今后在社会上的角色是怎样的，我们的职业价值观是怎样的等问题。心理学家埃里克森说："如果我们在自己 12 ～ 18 岁的时候，能够回答这些问题，说明我们能够建立比较好的同一性。"

但是时代在发展，根据现在的调查结果，国内外的基本情况不一样，国外的相应阶段相对于中国来说要更早一些，这也让我们觉得国外的青少年比国内的青少年早熟一些。所以就中国的国情而言，成年早期是 18 ～ 35 岁这个时期，但是我们的自我同一性的建立时期是在大学阶段，也就是 18 ～ 23 岁这个时期。高考结束，紧张的学习生活也随之结束。我们开始有了充足的时间去思考自我同一性的问题。

正确利用延缓期

一般来说，我们要到大学的时候才能进入自我同一性的建立阶段。而作为一个刚满 18 岁的少年，虽然有能力承担社会责任和义务，但是在我们做出决策的时候，往往会出现一个暂停的局面，也就是延缓期，目的是为了缓解我们内心要迅速做出决策带来的痛苦，避免提前完成同一性。通过这样的方式，会使我们对自己的认识更加深刻，因为在延缓期间，我们可以利用读大学的时间，接触有各种各样的价值观、人生观的人，在多种价值观的冲击中，选择正确的、适合自己的；我们也会在大学期间尝试很多活动，明确自己的兴趣爱好。在每一次的实践中，不断循环往复，从而形成自己的三观以及确定自我同一性。通过延缓期后建立的同一性，是一种更加成熟的同一性。

现在为什么这么多人选择考研？针对"考研的原因是什么"的问题，调查显示：选择"因为不想工作，所以选择考研"的人不在少数。也有很多人是工作之后再去考研的，这些都证明了我们在建立自我同一性的时候，尝试选择延缓履行我们依然要工作的义务。甚至不想让你考研的人会说，"反正你都是要工作的，考研还不如直接工作，想清楚自己是因为什么而考才是最重要的"。这时候有的人考研的决心又会动摇了，甚至有人会说，"你考研就是为了逃避自己要工作的事实，逃避没有用的"。

其实，别人的想法和看法只是他们的，这并不代表我们自己的选择，有的人或许会觉得，逃避社会竞争让自己十分羞愧，甚至认为自己就应该像他们说的那样直接参加工作。这是因为我们不了解自己，我们不知道每个人都有这样的时期，只不过每个人表现的方式不一样而已。所以，要正确认识自己所处的阶段必然会经历这样的痛苦，并且要相信，自己经历了这样的痛苦之后，换来的或许是更好的选择。我们身边总是会有一些"吃不到葡萄说葡萄酸"的人，我们并不需要和他们有过多的争论，我们需要与明白自己心情和感受的人交流、沟通，既然他们不能理解我们，

那我们也没有必要和他们讨论了。

"我究竟是谁呢"

当我们渐渐长大，离开了那些奋斗过的教室、那些属于我们的桌椅，当我们的生活不再以学习为中心的时候，我们就会开始思考关于自己的问题。当代大学生总是会面临着这样一个烦恼，从他们填高考志愿的时候起，就开始面临人生的选择了，我们会选择自己想要学习的专业，因为这涉及大学四年的学习生活。从这个时候起我们就会开始思考，我们究竟喜欢什么，我们想要的是什么？结果显示，只有少部分人的答案是明确的，大多数人都是遵循父母的想法，以至于我在采访很多大一新生的时候，大多数人都不是自己选的学校和专业。

大学四年是我们认识自己、突破自己的时期，我们或许会被人定义，被人贴标签，让我们误以为自己就是这样，把自己局限在别人贴的标签里面。很多大学生都会来到心理咨询室寻找答案，曾经有一个优等生是这样告诉我的："我其实从来没有认为自己是一个优等生，他们总说我爱看书，总说我死读书，每次老师一提问，大家总是会让我起来回答问题，每次小组作业的时候，总是让我承担小组长的工作，然后我一个人就要做很多工作，凭什么他们可以这样定义我？所以我一旦考差，一旦不做小组长，不回答问题，我就不是我了吗？我究竟应该是什么样的？我自己是一个什么样的人？我找不到答案了，我应该做一个别人眼里面的人吗？我发现我找不到自己了……"关于"我是谁"的问题，贯穿了我们的一生，这也是一个十分重要的问题，是我们每个人都要认真回答的问题。

为什么我需要找到我自己

关于自我的问题，最早要追溯到弗洛伊德的三结构理论。作为精神分析理论的代表人物，他将"我"分为本我、自我、超我，这三个"我"的部分。简单地说，本我是一个快乐的我，就像婴儿想要吃奶，他就可以吃，大人们一定会满足他。

自我就是一个现实的我，他以本我的欲望为动力，还是用吃奶的例子，比如一个 3 岁的小孩，他已经断奶了，但他还是想要吃奶，这个时候自我就会站出来说，"我知道你现在很想吃奶，但是你现在不能吃奶了，因为妈妈不会让一个 3 岁的孩子吃奶，吃奶是不现实的"，所以他就知道自己不能吃奶了。

超我就是道德的我，这个"我"掌握着和父母一致的行为标准，因为是父母教会这个"我"该怎么做的。举个简单的例子，一个 5 岁的孩子很想要别的小朋友手里的糖果，本我是真的很想要，但是他心中的超我会告诉他，"妈妈说拿别人的糖果是不对的，妈妈会骂我的，这是不道德的，所以我不能拿别人的东西"。这是最早关于自我的讨论，此后，新精神分析的代表人物埃里克森对于自我做了新的诠释。

这里要讲一个概念，就是关于"自我同一性"的形成。这是关于"我是谁""我的将来会如何""我应该以一种怎样的姿态面对社会""我想成为一个什么样的人"等意识形态的问题。如果我们不能回答这样的问题，就会导致同一性早期封闭、同一性扩散、同一性拖延等问题，同一性早期封闭是指他们会成为一个什么事情都需要别人来替他们做决定的人，或许是父母，或许是别人，他们失去了自己做决定的能力，或者他们选择回避自主决策，失去了自我探索的动力。同一性扩散是指个体既没有自我探索，也没有自我投入，这个时候个体还没有进行有意义的选择。同一性延缓是指青少年处于一种同一性危机之中，但是这个时候成人没有给予他们义务或者是责任。他们无法接纳自己，也不会被社会接纳，他们会忍受孤独。自我同一性的完成关系到一个人一生的发展。

怎么才能完成自我同一性的确立

首先，父母应该承担他们的责任。我们都知道父母承担着塑造孩子的角色，一个很典型的例子就是，在溺爱环境下成长起来的孩子都是比较任性的。对于同一性完成的问题，父母不应当对孩子有过多的束缚和管教，不能代替孩子做决定，在面对问题的时候，即使是孩子求助，父母也要帮助他学会自我探索。比如在面对填高考志愿这样的问题的时候，父母要做的不是直接告诉孩子该选择什么，而是应当和孩子一起去考察，了解学校、了解专业，慢慢引导孩子，问他们想要的是什么，帮他们分析利弊，让他们自己做出选择。同时父母要善于发掘孩子的闪光点，有一些父母连自己孩子的特长都不知道，这是非常可怕的。

这里有一些教养方式可以提供参考，我们把教养方式分为权威型、民主型和溺爱型，这三种不同的教养方式决定了孩子怎样去解决自我同一性建立的问题。权威型的父母对孩子的要求十分高，他们为自己的孩子设定一个标准，要求孩子一定要达到，他们都会事先规划好孩子的人生道路，孩子们只需要走好父母指的路就行了。所以在这种环境下成长起来的孩子特别容易产生同一性早期封闭的问题，即使他们二十多岁、三十多岁了，还是什么事情都听父母的，因为他们自己无法做出决定和选择。

在民主型环境下成长起来的孩子能够比较好地完成自我同一性的建立，他们知道自己要做什么，知道自己是怎样的一个人，能够正确地认识自己。

在溺爱型环境下成长起来的孩子，家庭给了他们想要的一切，当他们面对残酷的现实时，他们会遭受巨大的打击。溺爱教养方式培养的孩子自律能力特别差，因为父母对他们没有什么要求，还十分关心他们的生活起居，包办一切。所以在这种环境下成长起来的孩子十分依赖父母，天塌下来有爸妈撑着，根本不会进行自我探索，并且他们不能在每一次的打击中逐渐成长，他们的自我同一性就会出现很多问题。

其次，寻求自己的社会支持系统。社会支持系统就是指我们身边可以动用的社会支持力量，比如值得信任的朋友、老师、同学等，他们都是我们可以寻求帮助的社会支持力量。当我们感到迷茫、不知所措的时候，可以试着联系他们，寻找力量支撑。

最后，还是要靠自己。有一句话是这样说的，别人实际上帮不了你什么，很多时候我们都得靠自己迈出最关键的一步。首先要做的就是不能封闭自己，不能逃避自己不想面对的问题。一旦把自己封闭起来，不仅别人帮不了你，自己也无法迈过这道坎。其次，从一些小事中获得感悟和启发。我有一次去买菜，看到了一个卖菜的大哥，他一边做生意一边跟我聊天，他说这个年纪没有公司会要他，所以他就出来卖菜。毕竟命运掌握在自己手里，这边好几个摊位都是他自己争取来的，菜市场的竞争还是很激烈的，在结账的时候，我看到了他的右手只有四根手指。当时我正在为一些事情而烦恼，但是听了卖菜大哥的故事之后，思考一下，烦恼随之消散了。也许你会觉得别人过得尤其顺利，而自己的生活却十分坎坷，其实不用羡慕那些生活看起来十分顺利的人，因为每个人都有自己的故事和艰辛。关键在于我们要知道自己想要的是什么。

亲密的人、亲密的爱人

一个女孩对我说："我已经 24 岁了，别人总是问我谈过恋爱吗？但是我从来没有谈过恋爱，我总是回答不出来这样的问题。每次我走在路上的时候，特别是有情侣活动的时候，别人都会问我一个问题，小姐，你有没有男朋友啊，要不要参与我们这周的情侣活动呢？我都会低着头走开并且摇摇头，告诉他们我没有男朋友，然后很失落地走开。其实我很难过，因为我从来没有谈过恋爱，所以我不知道恋爱是什么感觉，但是我很向往。

"从小我和邻居家的小孩子们玩新娘游戏，我一次新娘都没有当过，好像从小时候开始自己就没有被当作真正的女生对待过，每次看到别的情侣在一起拍情侣照时，其实我都很羡慕，但是我永远都是帮着拍照的那一个。甚至当我做公司文案的时候，需要交一个关于 24 岁女性的恋爱观的文案，我都想不出来，还需要去求助别人。我也很想有一个男朋友，也很想他可以和我一起过圣诞节，一起站在情侣拍照的地方拍照。

"我的闺密身边的男朋友换了一个又一个，可是我一个都没有，是我自己不够漂亮吗？为何都没有男人喜欢我呢？现实总是十分残酷的，明明一些人条件比我还差，为什么她们有男朋友、有老公，而就我没有。最令人烦恼的就是，我妈总是让我去相亲，但是我一点也不想通过相亲的方式找到自己的另一半，什么时候我的另一半才可以到我身边来呢？"

成年早期：亲密对孤独

埃里克森将 18 ～ 25 岁的阶段叫作成年早期，但是时代在不断变化，随着人们结婚越来越晚，我们将成年早期划分为 18 ～ 35 岁这一时期。在这个时期，只有当我们具备了爱别人的能力的时候，当我们可以和另一个人相互信任、相互鼓励、相互支持的时候，当我们准备好和另一个人生儿育女的时候，才代表我们可以真正进入社会。

我们需要在自我同一性发展的基础上，发展两个人彼此之间的同一性共享，你能和别人同一性共享是婚姻能够美满的重要前提。但是做到同一性共享并不是一件十分容易的事情，这代表你们有共同的目标并且愿意为此而共同努力，不是一旦遇到困难的事情，就选择推开另一方、分手或者是争吵。但是寻找自己的另一半包含一些比较偶然的因素，所以我们在身边没有人可以依靠的时候，总是会感到孤独，因为我们害怕自己以后老了仍然孤身一人，所以这也是我们在成年早期的发展任务。

怎样才能找到自己真正的伴侣

首先，不要带着盲目和冲动选择脱离单身。我曾经有一个朋友，她总是找不到好的男人，她看男人的眼光可以说是非常差，没有一段感情有一个好结果，每一次都给她带来巨大的伤害，每次都被男人甩，然后就借酒浇愁，喝完酒之后由于过度悲伤还会伤害自己，这也许是很多女孩表达自己痛苦的方式。她总跟我说："我想试一下恋爱是什么感觉，别人都有男女朋友，就我没有，多孤独啊！"

她第一个暗恋的对象是一个会拉小提琴的男生，她跟这个男生表白了，但是男生没有看上她，理由是她不是他喜欢的类型。第一次告白失败，她借助酒精麻痹自己。过了不久她在 QQ 空间发表自己难受的状态，然后一个男生来安慰她，她就对这个男生产生了感情，实际上她并不是真的喜欢他，只是因为移情而已。就是这样一个空窗期，他们俩恋爱了。但好景不长，几天后，她开始厌烦这个男生，理由是她还是觉得对方不是她喜欢的类型，她开始反思自己的问题了。于是他们就分手了。

但不久后，她又有了新的"狩猎对象"，并且成功追到了对方，在他们半年的相处中，她看起来不像以前那么不开心了，好像也没那么孤独了，但是在这段感情里面，她仿佛没有得到过男生真正的爱，对方经常约会迟到，打游戏忘记女朋友在等他，最后还脚踏两只船。所以，他们最后还是分手了。但这一次她明白了自己没有爱的能力。

爱情固然是一个让人十分向往的东西，因为爱情可以让我们避免回答"我是谁"的问题。有时候，我们在爱情中可以忘记那个惨痛的过去、不愿回忆的过去。如果我们出去约会，我们就会显得没有那么孤独。但是我们往往会因为这样的爱情忽略自己真正的需求是什么，因为我们没有空窗期来思考我们的需求是什么。所以，不要因为想要尝试爱情就匆忙选择一个人，结束自己的单身生活，而是应该选择当你不再想要证明什么的时候，能够真正了解自己的需求的时候，当你能够活在当下、顺其自然的时候，那才是真正的爱情。

其次，给自己留一点时间思考。思考自己是什么样的人，自己要找一个什么样的伴侣来度过一生，这个问题很重要，可以让我们明白现在离自己想要找的理想对象还差多远，不要忘了，现在的恋爱关系中，匹配是非常重要的。没有那么多灰姑娘和王子的故事，而且灰姑娘之前也是个公主，不过是后妈虐待她而已，所以才变成了灰姑娘。如果想要遇到优秀的人，就得先让自己变得优秀才行。

走过危机四伏的中年

"我是一家之主，我应当成为孩子的榜样，应该承担起一个男人的责任；我需要养活一大家子，不能没有工作。但是生活总是不容易的，人生都是会有意外的，特别是当别人不认可你的工作的时候，特别是当你的劳动成果被否决了的时候。作为一个编剧，我写了一个剧本，这个剧本是我二十多年的心血，这个剧本与我的其他作品不同，直到现在我也没有给谁看过这个作品。因为写出这样的作品我感到十分自豪和骄傲，所以当我一个大学同学找到我说要把我的作品发表的时候，我觉得这个机会来了，所以我便答应了他。

"但是总是事与愿违，原本我引以为傲的作品在别人眼里其实分文不值，为了符合他们的要求，他们把我的剧本擅自做了改动，这使我本来想传达的作品意义也被篡改了。当我要求不能改动的时候，公司只会告诉你：要么改，要么淘汰。为了我的良心，我选择了后者，我二十多年的心血，就这样被别人否定了，我不甘心。但是我不知道这样的心情该跟谁说，不能给孩子说，我是他们的榜样，说了就没有办法当好榜样了；不能告诉妻子，她上班压力也很大，我不能给她压力；朋友也不能说，一大把年纪，说出去不都笑死人了。思前想后，我发现自己身边连一个可以依靠的人都没有，就更加失落了。"

什么是中年危机

张爱玲这样说道："人到中年的男人，时常会觉得孤独，因为他一睁开眼睛，周围都是要依靠他的人，却没有他可以依靠的人。其实不仅男人如此，女人更甚。"

一旦到了中年，我们不仅要完善我们自己，发展自己的事业，确保自己能够完成曾经设定的目标，我们还承担着教育子女、赡养父母、经营夫妻关系、维系人际关系的责任，这一切看起来都十分具有挑战性。因此，这一时期的任务是艰巨的，当然也可能形成危机。危机期指的是个体经历身心疲惫、主观感受痛苦的阶段。我们一般所说的中年危机是40岁左右这个阶段会出现的危机。

在我的咨询室中，20岁的青年总是不会担心以后会发生什么，他们总是告诉我："我一点也不担心未来会怎样，死亡、结婚只是以后会发生的事情。"有位来访者对我说："我知道他不好，我也知道他是个渣男，他又不是我以后结婚的对象，我现在只是在消磨时间。"好像20岁的青年，除了时间，一无所有。于是，等到他们30岁的时候，他们会说，"以前谈恋爱很简单，现在怎么这么难""为什么到了30岁的时候我还是一无所有""我现在的简历还不如我大学时候的简历""我30岁了，一点能拿出来的东西都没有"。他们甚至还会发出感叹："我那时候究竟在干什么！我究竟是怎么想的！"人一旦到了中年，就会瞻前顾后，不仅要知道自己过去做了什么，而且还需要清晰地知道自己人生后半段要有什么样的目标以及如何去做。他们曾经认为30岁是新的20岁的开始，但是看起来事实并不是如此。

经过大量的研究发现，那些经历了所谓危机期的个体在整个成年期都感受到了危机，并且可能存在某种神经质的倾向，一般来说健康的个体是不会陷入危机的。因此，这也从侧面反映了，20岁的发展影响着30岁的发展，30岁的发展影响着40岁的发展。所以，把握好我们的20岁是十分重要的。

如何度过自己的危机期

第一，过好你的 20 岁。大脑发育在 20 岁的时候结束，达到第二次也是最后一次的高峰，20 岁时的性格改变要远远大于其他时期。我们的总体智力在 18 ～ 25 岁的时候达到顶峰。成年期也是智力发展的稳定时期，25 ～ 40 岁我们通常会出现富有创造性的活动。所以，20 岁是成年人发展的最佳时期，有多少人自我的改变是在 20 岁的时候。而自我顿悟的时刻一般都发生在 30 岁左右，所以 20 岁的你怎样发展，也决定着你的顿悟程度。因此，把握好我们的 20 岁十分重要。

第二，回归你的家庭。这里所说的回归家庭不是指回到家中，然后一蹶不振，而是我们要时刻记住，我们并不是只身一人。家里还有我们的父母、兄弟姐妹、妻子、孩子，他们都是我们的社会支持，不要拒绝他们，也不要觉得这是一件丢脸的事情。尽管在工作上不顺心，但是作为一家之主，你依然是家里面的顶梁柱。每一个爸爸都不是完美的，很多人都是第一次当爸爸，所以，包容自己的不完美，谁都会遇到挫折，只要不被挫折打倒，你依然是他们的榜样。

第三，设定自己未来的目标。现在设定未来目标并不算晚，所有需要面对的挑战都要一个个地完成，有条不紊。告诉自己，这个世界上不是只有你的生活是这样的，还有很多人有着和你一样的烦恼，我们只是和大多数人过着同样的生活而已。

第四，用心经营自己的人际网络。你是否有过这样的时刻，也许已经 28 岁了，也许 30 岁了，某天你生病了，拿着手机，想要拨打一个电话，找人来照顾你，但是却找不到一个合适的人，于是只能自己起身去买药、自己去看病，什么都只能自己去完成。也许你会安慰自己说，没关系，我是一个十分独立的人，我一个人就能处理好。但是你知道自己的内心是希望有一个人在身边照顾自己的，可是打开手机，翻看通讯录却找不到一个可以赶到自己身边，照顾自己的紧急联系人，于是你只能自己照顾自己。我们应当做的是找到用心经营自己的人际网络，通过改善人际关系开启新的生活。不久之后，你就会发现自己的紧急联系人在慢慢变多。

"我讨厌新环境"

或许每个人都有一个讨厌新环境的时候吧。我记得那个时候，父母要送我去幼儿园，根据爸妈的回忆，那个时候的我死活都不肯去，一直哭一直哭，就抓着妈妈的手，一直坐在地上，耍小脾气，哭得撕心裂肺，眼泪鼻涕一起流，妈妈差点就没忍住，不让我去上学了。但是我还是去上幼儿园了，妈妈说我一个星期都没跟她说话。心理学上有一个概念，叫作"儿童期记忆丧失"。一般来说，我们很难记得3～5岁时候发生的事情。如果不是父母提起，我也不会记得这段经历。

我们的一生会经历幼儿园、小学、初中、高中、大学、工作……每个阶段都会面临不同的新环境。每当我们进入一个新环境的时候，都是存在很多未知数的，我们也许会遇到一些跟我们完全不同的人，特别是对第一次感受集体宿舍生活的人来说，大家的生活习惯彼此不同，就会出现很多矛盾，也不是每一个人都可以适应。

适应不良是很多大学新生都会出现的情况，"和室友相处不好，每个人我都不认识，没人和我说话，学校吃得也不好，老师讲得太快，跟不上老师教学的进度，学习很吃力……"这些都成了新生的烦恼，他们甚至开始怀疑自己、排斥自己、否定自己。也有很多新生因为适应不良，纷纷退学，这样的情况时有发生。大多数人可以从幼儿园的大哭大闹，慢慢成长，到了大学、工作单位完全适应环境，但是也有一些人总是没有办法适应变化的环境。

为什么我们总是在新环境中受挫

对适应不良现象的解释，我们可以从控制理论的角度进行分析，尤其是在适应环境的时候，我们可以从控制理论中得到一些启发。人类总是想努力做好一些事情，这样可以帮助我们在这个世界上留下自己生存的痕迹，所以我们会对环境进行控制，这种控制贯穿我们的一生，在我们一生的各个阶段都有所体现。

关于控制理论，有两种类型的控制：初级控制和次级控制。初级控制是人想要控制环境，这种欲望是与生俱来的，是人的根本愿望，在我们还是一个婴儿的时候，我们就渴望通过控制环境使自己的需要得到满足。次级控制是指改变自己以适应环境的企图，因为无法改变环境，所以就要改变自己。这两种控制相互交织，根据面临的困境和挑战，两种控制方式相互调整。

在可以选择的时候，我们会首先进行初级控制，因为当我们觉得可以控制环境的时候，我们就会获得极大的满足，并且伴随着强大的成就感。当我们可以控制环境的时候，就会产生"我是一个很棒的人，我是一个很优秀的人"这样一种自我认知，认为这样可以实现自己的自我发展。

但是大多数时候会出现这样一种情况，就是当我们去控制一个环境或者是控制一个人的时候，会采取一些错误的做法。以工作的例子来说，工作狂就是一个控制不良的例子，也许在短期内，工作效率可以得到大幅提高，人们能够达到目标，但是这样做不利于长期的控制，人们或许因为过度劳累而住院。还有一种情况就是我们常说的迷信活动，这样的活动既不能达到目标，还试图用一种错误的方式去改变环境，改变他人，并且削弱了自己长期控制的能力。

使用这样的错误方式还会导致习得性无助行为的产生。习得性无助，简单来讲就是当你失败的次数太多时，你就不会去努力了，即使下一次可以成功，也仍然会选择放弃。习得性无助的产生总是伴随着抑郁情绪，所以当我们产生了习得性无助心理的时候，就应该警惕起来了。

当无法控制的时候，我应该怎么办

简单来说，就是当初级控制失败的时候，我们就会进行次级控制。次级控制主要是指向自己的，当我们对外界的控制总是不能成功的时候，就要对自己的目标、行为、预期进行调整，对事件进行认知重构，这个时候我们会改变自己对事情的看法。那么也许有人会问，怎样才能改变看法？

第二章 成长的重建

057

在回答这个问题之前，我们先讲一个心理学原理，叫作认知失调。认知失调是一个人做了某种与自己态度不一致的行为而引发的不舒服感觉，听起来有些抽象，举个例子，比如你是一个想戒烟的人，决定自己要戒烟了，这个时候你的朋友给你递了一支烟，你抽了这支烟，你的态度和行为就是不一致的，产生了矛盾，这个时候就引起了认知失调。为了缓解这样不舒服的感觉，你或许会说，我其实是喜欢抽烟的，我从来没有想过我会戒烟，当你改变自己的态度的时候，不舒服的感觉就会缓解。所以，改变自己的看法可以从以下几个方面入手：

第一，改变态度。比如当我们控制不了环境的时候，我们就去适应环境，这就是态度的改变。

第二，产生一个真实的预期，而不是过高的。比如告诉自己：别人和我差不多都是这样的，不要给自己设定过高的预期。如果你既没有改变环境，也没有成功改变自己，那就可以告诉自己，其实我也没有想过会有多大的变化，短期内是看不到效果的，这件事情还需要慢慢来才行，产生一个这件事情短期内不可能成功的真实预期。就像我们经历一次考试，如果我们觉得自己复习得不好，那就有极大的可能无法通过考试，要提前做好心理准备。

第三，放弃自己达不到的目标。自己对于自己要有客观的认识，如果是真的很难达到的目标，就要学会放弃。前提是这个目标的难度确实很大，已经超出了自己的能力范围。

第四，要学会正确归因。比如在产生习得性无助的时候，这种无助感很大一部分是因为我们没有学会正确归因，把失败归于自己的能力不足，就会导致这样的结果。很多学生觉得自己成绩不好是因为自己很笨，因为自己能力不够，而能力就是自己的内部因素，所以很容易产生习得性无助。如果我们把成绩差的原因归为考前复习不充分，试题难度大，情况就会好很多。

第五，要学会对行为—结果评价的积极偏差，对结果进行积极的反馈。有时候在我们看来这是一件坏事，但是实际上在某种程度上也可能是件好事，然后通过坏事变好事，我们就可以改变认知失调的状态。

以上这五种方法都可以帮助我们进行积极的认知调整。

"为什么我总是很笨"

一个来访者讲述了她悲催的经历："我从小就不是一个聪明的孩子。我们家是一个大家庭，我的成绩总是家里最差的，父母总是拿这个问题来说我，我妈经常说，'你看别家的孩子，成绩多优秀，你看你自己这个德行'。从小我妈就想让我努力读书，农村的孩子就是这样，总是在父母的期望下做着自己不愿做的事。

"国家九年义务教育让我还有书可以读，我就从村里的小学转到了镇上的初中，我妈当时是托了关系，让我进了一个比较好的班。但是我的成绩不用说，一定是垫底的，果不其然，我还真是个吊车尾的。我记得第一次月考的时候，我们班的数学平均成绩是 110 分，而我只有 90 分，我们数学老师把我叫到办公室，他跟我说，'你的成绩拖我们班级平均分了'，然后就把卷子扔到了地下，让我自己去捡起来。当时发现自己也是蛮坚强的，居然都没有哭，直到后来数学老师把我父母叫到学校，让我父母看我的成绩，我才意识到，原来'笨'是一个这样不堪的词，是一个这么招人厌恶的词。

"我看到妈妈失望的表情，就下了一个决心，我一定要证明自己一点也不笨。后面两个月我都在很认真地学习数学，每天熬夜学习，但我还是再一次考差了，虽说比上一次好一点。老师还是把我叫去了办公室，他说我不适合读高中，让我去读职高。我又想起之前我妈也说我考不上高中，让我去读职高，然后我在姐姐的鼓励下考上了。高中的时候老师和我妈都说我考不上大学，让我去读技校，但是最后我还是考上了大学，虽然是专科。现在我专科毕业，想要升本，我妈说我考不上的，让我回家，到县上的医院工作。我几乎从来没有被认可过，即便是自己的母亲。我想起我这悲催的命运，就不免头痛。"

难道笨的人永远都不会被别人认可吗

这个世界总是充满恶意的，一个公司不会要不够努力的人，但是更不会要一个笨的人，仿佛他们愚笨的基因就决定了他们的一切。这些社会偏见形成了这样一种社会氛围，导致人们对于笨的人充满了偏见，愚笨绝对是一个贬义词，不管在任何时候都是。社会上充满了各种各样的偏见，不管是性别偏见，还是职业偏见、地域偏见，等等，这些偏见影响着人们做出自己的判断和选择。

偏见在心理学上的定义是人们以不正确或者不充分的信息为根据而形成的对其他人或群体片面的，甚至错误的看法。这里要谈到的一个概念叫作态度，它存在三种成分，分别是认知、情感和行为。认知，具体来讲是一种刻板印象，举个简单的例子，存在这样一种对女人的刻板印象，认为女人事业心不应该这么强，或者是觉得男人就应该承担起家中的一切。刻板印象有好的也有坏的。情感指的就是偏见，可以从字面上理解，偏见是一个贬义词，并且不合常理。行为对应的是歧视，比如种族歧视、性别歧视，这些都是负面的，因为有这些歧视，人们往往会用不公正的方式对待别人。

这里我们主要谈的是偏见。正是因为有这样的偏见，所以即使我们再怎么努力，依然得不到别人的认可，因为偏见本身就是不合逻辑的。这些偏见可能会导致一个人的自我效能感下降，进而对自己失去信心，特别是对于那些以别人的评价为中心的人，用专业术语来讲就是场独立的人比场依存的人更不容易受别人的影响。

现在的社会是一个网络十分发达的社会，那些经常出现在公众视野中的人会受到一些恶意的评论，网友们最喜爱的事情就是当一个新人出现的时候，给他或者她贴标签，而这种行为也是带着偏见的。只看到别人的一面就给对方下定义，并且认为对方只有这个特点，从而给别人贴上某种标签，导致对方可能会觉得自己好像真的是有局限的，没有什么其他特点了，也找不到自己其他闪光点了，于是越来越不自信，甚至有些人会认为自己就像一摊烂泥。我们把这种现象叫作自证预言，也就是说偏见持有者对对方的期望会使对方产生同样的自我认知，按照自己的认知去表现自己的行为。

社会上的恶意从来没有停止，就像很多刚毕业的应届生或者是目前赋闲在家的待业人员一样，没有工作就代表你无能，就代表你不上进，就代表你这个人是懒惰的。但是别人或许只是在等待某个时机，或许只是想要暂时躲一躲而已。

如果你恰好是一个刚毕业的大学生，而且还没有工作的话，那么你就会听到各种各样督促你去找工作的声音，不找工作就有怎样后果的声音……还有一种常见的现象是，女生到了一定的年龄就应该结婚了，如果你恰好是一个28岁或者是29岁的女青年，你会经常听到这样的声音，"你看你都28岁了，怎么还不结婚？""你看你都这么大年龄了，连一个男朋友都没有""别人的小孩都会打酱油了……"这些声音会一直充斥在你的生活中，使你烦躁。

怎样才能消除偏见

第一，社会化。儿童、青少年的偏见主要是通过社会化形成的，那什么是社会化呢？我们可以简单地解释为，一个人成为可以在社会上生存下去的人，一个拥有正确三观的人，一个能够被社会认可的人。在社会化的过程中，我们会受到各种各样的影响，比如来自我们的父母、朋友、老师的影响，或者是外界的其他一些影响，比如网络。所以我们要在一个人完成社会化的时候去控制这一过程的影响，让他不走偏，这样就会减少偏见的发生。从这个现象中也可以发现，这个社会就像一架同化大机器，大家都变得趋同了。

第二，受教育。科学研究表明，有时候人们的偏见更多来源于自己的无知和狭隘，很常见的一个现象就是，如果父母文化水平不太高的话，跟孩子的代沟要比文化程度高的父母大，他们会有更多的不理解以及对孩子行为的偏见，因此更容易发生矛盾。所以，要理解我们的父母产生这样偏见的原因，如果父母没有受过太多教育，而我们受过教育，就要学会包容他们，不能跟他们较劲。反过来我们还要帮助自己的父母，告诉他们这是偏见，其实我们并不笨。

第三，直接接触。调查显示，一些偏见来自自己对人或者事物的不了解，因为不了解，所以有偏见，而直接接触就可以加深对这个人或者这类人、这种事物的了解。当然这样的直接接触也是有条件的，要建立在地位平等，关系亲密，形成一个有合作的群体基础上，这样的直接接触才能够减少偏见。如果仅仅凭自己的主观感受去评定一个人，总是会出现偏差的，因为我们不了解他的过去，看到的很多现象都是表象，就像案例里面的老师和母亲，没有看到孩子在很努力地为了证明自己而学习，这样的学习态度就是他的优点，而一次失败也不能证明什么。

人总是盲目乐观

一个大学毕业生这样讲述自己的经历："在我大三下学期的时候，许多同学都在问我考研吗？其实对于这个问题，我无法回答，因为我自己也不知道考研对于我来说意味着什么。大家的考研动机都不一样，但在这种种动机中，我发现自己一个都找不出来，以至于我的朋友每次问我的时候，我都十分抗拒。但经过一番思想挣扎之后，我还是决定了考研。我现在还记得当时的雄心壮志，既然要考，就要考一所好的大学，像什么华东师范大学这样的。

"10月份的时候，我果断报了华东师范大学。我复习的时候一直有这样的心理，觉得自己是本专业的，成绩也还不错，没必要复习一年，甚至还一度鄙夷那些复习一年的人，觉得自己可以稳上。经过前前后后大概6个月的奋战，成绩下来了，惨败。我不仅被残酷的现实打了脸，而且还要接受亲戚问考上研没有啊？这一次感觉怎么样，你报的哪里啊？话都说出去了，成绩出来，大家就会跑来问，这种感觉是真的不太好受。所以那段时间，我一度低迷，既不想找工作，又不想回家，整个人就是一摊烂泥，已经扶不上墙了……"

是什么导致所有的期望，所有的自信满满，变成如今这个样子

在社会心理学里面，有一个名词叫作盲目乐观，具体来讲就是人们对自己的认知有时候会出现过度乐观的倾向。心理学家认为，一部分原因是，他们对别人的命运相对悲观。举个简单的例子，一些人会认为自己是独特的，认为自己考研就可以考上一所好学校，认为自己毕业之后，就会比别人更容易找到一份好工作，领取更高的薪水。而那些悲惨的事情总是会发生在别人身上，就像我们在新闻上看到的那些不幸的事一样，作为旁观者的我们仿佛觉得这些事情不会在自己身边发生。

盲目乐观是一个在我们社会中比较常见的现象，它就如同傲慢一样，表现的是人的自负，无法看清楚客观的形势，按照自己主观的想象来处理问题，看待事物，其实这是失败的信号。因为这样的盲目乐观，相信自己总可以逢凶化吉，所以在面对失败的时候，往往会采取一些不明智的措施。由于没有做好足够的心理准备，所以在面对挫折的时候，往往不堪一击。

我以前读大学的时候就十分极端，盲目自信，每次只要做小组课题，就一定要和别人不一样，极力证明自己的独特性。如果我在选课题的时候有人跟我选了一样的课题，不管这个课题做了多少，就一定会换一个课题，虽然换了之后做得不会比之前的好。

我在一次沙盘中发现自己的一些问题，所以就去向我的老师求助了。我的老师问过这样一个问题："你是证明给谁看呢？"正是那样一句话，让我幡然醒悟了，找到自己的问题的根源所在，于是我重新回到了沙盘室，在沙盘里面，我看到那个小时候的自己，看到了那个小时候受人表扬的、自信满满的自己；那个随着年龄增长，成绩不如以前的自己；那个在高中想要极力证明，但总是得不到认可的自己。原来很多时候我们的所作所为都是一种补偿，补偿以前没有得到的，但是又十分渴望得到的。

怎样才能克服盲目自信所带来的负面影响呢

有一个成语叫"居安思危"。这个成语的含义是指处于安全环境的时候，也要想到危险。国外的学者用了一个词，叫作"防御性悲观主义"，其含义和"居安思危"是一样的，指的是在过去的情境中取得过成功，但在面临新的相似的情境时，仍然要以较低的期望水平并反复思考事情会出现的各种可能结果。简单来说，就是适当的悲观可以让人有一个心理准备去面对未来的困境，这是一种成功的策略。其实我们也可以说，这是一种未雨绸缪。但是要注意，这样的策略也有一些适用前提。

首先，防御性悲观主义策略的使用要体现在一些比较重大的事情上，不能事事都使用这一策略。

其次，就是要运用在事前，而不是事后，如果用于事后，就会导致自己变成绝望的悲观者。举个简单的例子，如果一个人想要获得一项巨大的成功，比如他想考一所好学校，那就需要在努力的同时，想好可能的后果是什么，比如第一次考上了当然是好的，这样大家都是皆大欢喜；还有另外一种情况就是如果没有考上的话，自己之后应该怎么做，是选择工作还是继续考，或者打算去留学，这些其实都是事前就应该想到的。有些人可能会认为，我考的话就一定要考上这所学校，考不上我就继续考，把这件事限定在一个范围之内，只思考一个结果，一旦最后得到的结果与自己的期望相差太大，就会导致自己一蹶不振。

最后，要保持低调，否则就会导致困境。自己默默执行一些重要的决定，不要搞得尽人皆知，因为这代表着你会面临很多压力，你的家人会对你充满期望，你的朋友会来问候你的情况，所有人的关心其实对你来说不是一种关心，更像是一种压力，让你害怕如果最后的结果不好，你不知道如何去面对他们。所以在我们要做某件重大事情的时候，保持低调，少一些人知道，其实也是一种自我保护。

因此，当我们产生盲目自信的时候，希望大家都可以看清自己，采取正确的方法。只有这样，我们才能一步步地走向圆满，同时保持心理健康。

"我有考试焦虑症"

"我有严重的考试焦虑症，打小我就不是一个聪明的孩子，也从来没有人说过我是一个聪明的人，倒总是听到大家说我挺努力的，但是我并不觉得他们是在夸我。一直以来，我都想用自己的成绩来告诉爸妈，我其实不只是一个努力的人。结果总是事与愿违，当我每次想要得到一个好成绩的时候，结果和自己预想的总是不一样。每一次失败我其实都很痛苦，有时候我就想，不要对自己这么严格，不行就是不行，但同时我又很矛盾，我知道自己一旦这样就堕落了。随着失败的次数增加，我开始出现了一些症状，就是每次面临比较重要的考试的时候我就会十分紧张，不仅手心出汗，而且每一次都会出现不同的情况，比如考试之前突然拉肚子，或者感冒的，或者其他的，前一天晚上睡不着，进而影响第二天的考试。我很苦恼，我不想每一次都出现这样的情况，一直这样我就会发挥不好，再这样下去，我就没有办法证明我自己了。"

为什么我总是这样

我相信很多人或多或少都经历过类似的事件——考试焦虑。那么，我们为什么会焦虑呢？这里要讲到一个十分重要的心理学概念，叫作"驱力"，简单来说就是我们的动机。讲到动机，我们必然会涉及另一个概念，那就是"需要"，我们可以简单地理解为因为我们有需要，当需要和对象发生联系的时候，我们就会产生动机，而动机就会驱使我们去满足自己的需要。所以，我们会做出某种行为。因此，当我们产生考试焦虑的时候，首先要想清楚的是，我们想要从这场考试中得到什么，是父母的认同还是奖励，或者不愿意自己的努力白费。你的需要影响着你的动机，也影响着动机的水平，如果你的动机过高，同时对自己估计不足的话，就容易引发考试焦虑，一旦焦虑就可能出现失眠。

为什么我们总是在面临可能的成功之前发生状况呢？这可以用自我设障去理解，也就是说，当我们即将面临可能成功的时候，我们可能会给自己设置障碍来阻止成功，为什么要这样做呢？原因在于自我保护，试想一下，如果我们没有遇到意外的因素，但是这一次还是失败了，我们会怎么进行失败归因？我们或许就会认为，是自己能力的问题，因为自己太差劲了，那么这样无疑会影响我们对自我的认识。所以我们通过自我设障的方式来保护自己，如果失败了，我们就会将失败归因于昨晚拉肚子了，不舒服，这样我们的自我认知就不会受到伤害，从而可以自我保护。有人可能会说"这不是自欺欺人吗"确实是这样的，这就是自欺欺人。

我们应该如何调适呢

首先，我们需要明白的是，自己为了什么而努力。如果我们是为了自己能够掌握知识而努力，我们将这样的人称为"掌握目标"的人，这类人不会因为得不到自己想要的结果而产生焦虑，如果他们失败了，他们会找到自己失败在哪里，然后进一步通过学习掌握新知识。如果我们是为了得到父母表扬或者是别人的赞美而努力，那就是"表现目标"的人，这类人一旦失败，必然会认为自己不是他人眼中那个优秀的孩子，因此产生焦虑。

其次，根据不同的任务和情境，调节自己的动机水平。根据心理学原理，当我们面临不同难度的任务时，为了取得最好的效果，需要不同程度的动机水平。具体而言，如果我们想要获得成功，动机太高了不行，动机太低了也不行，我们需要保持一个适当程度的动机。在任务十分简单的时候，需要提高动机，这样工作效率可以达到最佳；在任务难度中等的时候，保持中等动机，效率最好；在任务难度十分大的时候，保持一个低动机，效率最好。

最后，借助一些心理学的小技巧，可以帮助我们克服考试焦虑，例如发挥肢体语言的力量。肢体语言对于人类的沟通十分重要，我们可以从一个人的肢体动作或微表情中解读很多的信息，也许我们的语言可以欺骗我们，但是我们的身体语言不会欺骗我们。或者说得更加玄乎一点，我们可以用肢体语言来读懂一个人的想法。当然，这是一种很神奇的心理现象。

通过肢体语言不但能解读一个人的想法，而且还可以利用肢体语言来控制自己的想法。我们需要做的是当自己觉得不可能成功的时候，假装自己是成功的，直到真正获得成功。假装自己是一个成功的人，可以使我们的生理发生一些微妙的变化，比如荷尔蒙增加。想象自己在面试的时候，是不是盯着自己的手机，是不是盯着自己的笔记，努力想让自己蜷缩在一个角落，尤其是面临一场高压力面试的时候，我们会避免自己看起来十分显眼。但是如果这个时候我们尝试做一个十分有力量的动作，事情会不会变得不一样呢？

如果我们真的很想得到这份工作，但是又认为自己并不优秀，自己不应该在这里的时候，可以试着用一种肢体语言告诉自己，我们应该在这里并且留下来。我们可以花两分钟的时间，尝试一种显示权力的动作，张开自己的双手，或者将自己的手叉在腰上，假装自己很成功，自己是一个掌握着权力的人。就是这样一个持续两分钟的小动作，不仅可以使我们体内的荷尔蒙上升，还可以在心理上让我们认为自己好像也不差，这会给我们带来极大的自信心。一个小小的改变，就可以产生意想不到的效果。当我们没有其他办法的时候，试一试或许会有意外的收获。

关键时候我总是掉链子

每个人或多或少都遇到过这样的情况，当我们面临着巨大的压力的时候，就会发挥失常，也许是面临一次重要的考试，也许是面临一场对于我们来说很重要的比赛，关键时候总是发挥失常。我们或许会想自己不应该是这样的水平，但是最后却落得这样的下场，篮球和足球运动员就经常出现这样的情况，所有人的期望都放在他们的身上，他们发挥失常了，所有人的期望都在一瞬间灰飞烟灭，转身就走的人也很多，于是他们开始责怪自己，但还是无法改变结果。在考试之前，我们都会认为自己真的已经都准备好了，但是结果并不让自己满意的时候，我们就会对自己的能力产生怀疑。因此，当面临压力的时候，我们的大脑究竟是怎样运作的呢?

神奇的大脑

我们可以仔细回想一下，假如自己现在在驾校考试的考场上，我们觉得自己已经准备好了，教练告诉我们，"不要紧张，你平时练得比谁都好，就按照你平时练车的水平来就好"；我们也在心中为自己打气，认为自己一定能过。当我们把脚放在离合上面，手放在方向盘上，监考官问我们是否准备好的时候，我们就开始紧张了，两腿控制不住地发抖。科二考试开始了，现在到了倒车入库的项目，我们在心中告诉自己：平时完全不用回忆需要怎么做，因为开车已经成了一种自动化的技能了。但是到了考场，我们就把自己全部的注意力放在需要打多少圈方向盘，离合应该怎么控制，压线应该压在哪里才是最佳位置，这可能就是导致我们发挥失常的原因。于是考试结束了，我们只能重来一次、两次、三次……

在心理学上把这样的现象叫作"分析型瘫痪"，也可以认为是一种过分注意。试想一下，我们下楼梯，完全不需要意识的运动，如果我们将所有的注意力都放在下楼梯的动作上面，也许会摔个狗吃屎。因为我们的大脑是这样运作的，它喜欢自动化加工，本来自动化的加工就是一种习惯化的动作或者是思维，如果我们再把过多的注意放在这上面，就十分容易出现问题。就像很多舞蹈老师告诉自己的学生要怎样才可以把舞跳得最好的时候，都会说："不要思考，不要停。"

其实面对压力只需要保持平常心就好了。但是很多人会说，你说得倒是轻巧，真的面对压力的时候，就很难做到平常心。下就有几种方法可以帮助你。

如何应对压力

第一，我们的心情很重要。在我们即将面临压力情境之前，把所有自己的心情和担忧写在日记本上。很多人都会在周日感到焦虑，因为一想到明天就要去上班了，又要挤地铁，晚上还得做好明天的饭，明天又要开会……这些事情的时候，就会产生一种压力。所以在此之前，梳理好自己的心情，对于即将到来的压力做好迎接它的充分准备，压力就没有那么大了。

第二，压力来自环境。实际上很多时候，让我们倍感压力的不仅仅是我们自己，也有很大一部分原因是来自环境的影响。在心理学上有两个十分常见也十分普遍的现象，我想大家都有过这样的体验，许久没有回到家乡，当我们回到家乡，看到家乡的一草一木、一砖一瓦的时候，都会勾起自己小时候的回忆。于是，在我们提取长时记忆的时候，情境和生理或者心理状态是长时记忆重要的提取线索，我们把它叫作情境依存记忆和状态依存记忆。

情境依存记忆是指，如果我们真正面临考试的时候和平时复习的时候是在同一间教室，那么我们可以回忆起来的信息将会更多，因为我们的大脑对环境有一种熟悉感，熟悉的环境会成为我们提取记忆信息的线索。状态依存记忆是指，在我们真正面临考试的时候，心理状态和复习的时候是一致的，回忆起来的信息将会更多。为什么有些人心态不好，就会考得越差，就是因为这个道理。

根据这两条线索，我们就明白了，为什么我们驾照考试的时候，在考试前一天一般会去现场模拟，有些人甚至在考场上直接练习，也是有原因的。如果我们要准备一场重要的考试，最好是随时随地，不管在任何时候、任何环境下，都要保证自己处于一种学习的状态。这样，我们到了考场，不管是何种环境都可以应付。如果我们只能在安静的环境下学习，考场一旦有一点噪声，我们就会十分烦躁，从而影响考试的发挥。

第三，他人在场的作用。社会心理学的第一个科学实验是，一个人踩踏板的时候，如果有人看着他踩，他的表现会更加卖力，工作也更加有效率，这就是他人在场会产生的社会促进现象。但是他人在场并不是任何时候都会产生社会促进，它仅仅适用于简单的工作，而不适用于有难度的工作。比如我们在解答一道数学题的时候，有人看着比没有人看着更会导致我们不容易解答出这道题。因此，正确看待他人带给我们的压力，对于我们有效应对压力，起着十分重要的作用。

努力很重要，方法也很重要

"我明明已经很努力，但还是不行。"

"我已经尽力了，对不起！"

为什么我们总是很努力，但总是得不到一个好的结果。

在我读高中的时候，班里有一个女生，三年以来，班里的同学没有谁比她更努力，所以她总是老师鼓励我们学习的榜样。她上课认真，下课也会继续学习，不懂的就会问老师，每天最早一个来，最后一个走。我很疑惑，究竟是什么让她有如此大的动力坚持学习？但奇怪的是，每一次考试她考得都不好，甚至不如很多每天都在玩的人成绩好。从她身上就可以看到，努力并不是成功的唯一因素，有一些事情不是努力就可以做到的，终究还是要掌握方法的。

我们的大脑有两个区域

从很早的时候开始，老师就告诉我们，学习是有方法的，但是他们并没有告诉我们怎样去掌握这个重要的方法，但很多老师仅仅是泛泛而谈，所以才会有很多明明很努力，却还是没有办法取得好成绩的人。学习、工作都是有方法的，高效的人会把自己的大脑分为两个区域，一个叫作学习区，另一个叫作执行区。简单来说，学习区就是我们发展自己、完善自己的区域，是为了更好地执行任务而进行自身准备的区域；而执行区就是指完成社会、老师、父母、公司要求我们去做的事情的区域。比如一个老师的执行区是教书，而她的学习区就是为了让自己更好地教书，在学习区她会反思自己在教学上的不足，以及还有什么地方可以改善。我们把自己在学习区进行的练习称为刻意练习。

举一个简单的例子，现在的音乐圈有很多十分优秀的音乐人和歌手，他们的每一次演出就是他们处于执行区的时候，他们会尽力完成自己的演出，但是当演出结束之后，他们所做的事情不是躺下来休息，而是观看演出的视频，发现在演出中哪些地方做得不够好。这个时候他们就处于学习区，为了下一次的执行，完善自身的过程。

就像一个律师想要打赢官司，光有过去的经验是不够的。一个律师如果具备出色的演讲能力，会帮助他更顺利地打赢官司，而为了打赢官司所做的演讲练习，就是刻意练习。因此，当我们处在学习区的时候完善自我，努力探索，尝试一些新的东西，不管对自己以后的发展还是现在的工作，都是十分有帮助的。

学习区是允许我们犯错的，在一次次的犯错中，不断摸索，进入最佳的状态。但是，我们不是随时随地都处于学习区，在我们的生活和学习中还存在高风险的情况，比如为什么我们总是认为失败了，就会被别人看不起，因为在很大程度上，我们没有建立可以犯错的概念。老师、家长用分数来衡量我们是否是一个聪明的孩子，他们没有给我们犯错的机会，他们总是说这一次要好好考啊，争取拿个好分数回来。一次考差了，即便他们说："没关系，下一次考好就行了。"实际上这样的话并没有太大帮助，因为他们不会说："没关系，找到自己哪里不懂的，找到自己的错误，才是最重要的，争取下一次这个错误不再犯了就好。"

因为老师和家长将我们置于一个高风险的情境中，所以我们总是去执行、执行、再执行，甚至根本不会停下来思考自己是哪里出了问题，难怪会有很多人不知道该如何学习，如何让努力带来成绩，这就是方法的问题。

不仅仅是学习这件事，记忆本身也是有方法的，很多人记忆的方法永远局限于复述、复述、再复述，这样不仅仅是浪费时间，更是浪费自己的精力，还会极大地挫败自己的自信心。我听过很多家长抱怨，自己的孩子记英语单词，10个单词要记三个小时，然后第二天就忘了，也不知道该拿他怎么办！这是因为记忆的方法不对，所以效率很低，因为孩子总是在执行区，也就是记单词，而没有在学习区上钻研方法，刻意练习，所以才会出现问题，停滞不前。

怎样才可以做到更好

首先，相信自己可以做好，建立一种成长型思维。成长型思维是指不刻意关注"我要拿到好分数"这件事本身，而是关注自己在这个过程中，有没有掌握知识，有没有获得成长，这是刻意练习的重要基础。

其次，我们需要一位可以帮助自己获得反馈，给自己指出错误所在的导师、同事或者朋友。一个人学习和一个小组共同学习是不一样的。在一个小组中，大家会相互比较自己的任务完成情况，如果别人比自己完成得更好，那么就会引发我们的焦虑，促使我们设法改进，并且在考试的时候，更加从容地应对。相较于一个人学习，很多时候我们以为自己准备好了，实际上的结果并不好，小组就为我们提供了一个参照的标准。同时，在小组里面总是有一些我们可以学习的榜样，从他们的身上我们可以反思自己的问题，而这是一个人学习很难做到的。

最后，为自己建立一个低风险的岛屿。想要更好地建立自己的学习区，就需要为自己建立一个低风险岛屿，不能总是将自己置于高风险中。告诉自己：这一次只是我查漏补缺的测试而已，我找到自己的错误之后，就会在下一次做得更好。

AQ 是个什么 Q

"怎样才可以提高自己的环境适应力呢？我很想找到一种方法，可以让我在很多情况下都能应对自如，因为我的工作总会面临大量突发状况，如果我不能从容应对的话，就可能会失去这份工作。我很想要这份工作，为什么我的同事就可以做得比我好？我真的很羡慕他们，好希望自己也有这样的技能啊！但是很遗憾，我没有，每次只要和我预想的不太一样，我就会紧张，腿还会抖，让人笑话，我也告诉自己说，'没关系，你只是经验不足而已'，但是我知道这只是安慰自己的话罢了！"

AQ 是什么

相比于情商、智商来说，AQ 也很重要，它指的是一种适应能力。有多少人因为对新环境适应不良而产生了不同程度的心理问题。有多少人在大学毕业之后进入社会，因为适应问题遭受了严重打击的？我曾经有一个朋友，她说她刚进入社会那会儿，每天回家都要哭，哭了之后再重新振作起来，"那个时候我想是我有生以来最难熬的时期，以前都是我妈给我安排得好好的，走出校园才发现，以前自己的生活是多么的简单"。好在她都挺过来了，现在是一个很优秀的人。但不是所有人都存在适应的困境，一些人的适应能力永远比另一些人强，他们总是在任何环境下都游刃有余，也就是说，他们的 AQ 更高。

怎样提高自己的 AQ

第一，善于对自己进行"如果是……，你会怎样……"方式的提问。这种提问方式的好处在于，我们可以在大脑中构建未来式情境，这样一种预设的功能会使我们在面对任何突发情况的时候，都不会因为过去没有这样的经验而慌乱。通过这样一种提问方式，一个优秀的 HR 会挑选出他想要的适应能力强的人。这种方式同样可以用于我们平常的生活。比如在准备进入社会之前，问自己这样一些问题，"如果我工作失误了，领导批评我，我该怎么办"，"如果临时让我通知大家一件事情，我该怎么办""当我找不到理想的工作的时候，我该怎么办"，等等。这样的问题在某种程度上会提醒我们以后面对隐患时怎样应对。

第二，开始一份工作的时候，对自己进行归零。在我大学刚毕业的时候，曾去一家咨询公司面试，当时遇到一位从事精神分析多年的老师，她和我一起进入这家公司，因为她工作经历丰富，所以很多人都非常崇拜她。但是她并没有执着于过去的那些经历，而是把自己归零了，重新开始学习，她告诉我们，她就是来这边学习新东西的，所以大家更加佩服她了。很多时候我们都不能把自己归零，我们会沉浸在过去的经历之中，而这样往往就会导致我们无法接受更多新的经验，所以我们才无法适应新的环境。

第三，大胆探索。其实很多时候，我们会发现自己可能还不如一个婴儿聪明和有好奇心。一个婴儿会用自己的双手去探索新的环境、新的事物，他们将很多东西都放在嘴里，以便于了解清楚什么东西是可以吃的，什么东西是有趣的。他们愿意尝试新事物，而大多数成人则是去同样的地方、吃同样的食物，虽然从某个方面来讲，这只是一种最优选择罢了。在自己熟悉的环境中，我们是感到舒适的，如果某一天换了一种环境的话，我们就无所适从了。而不断探索则为提高我们的适应能力提供了巨大的帮助。

"你恐惧死亡吗"

"我的身体很不好，尤其是在老了之后，患了高血压、高血脂、高血糖，所以我不能吃很多我想吃的东西，必须要忌口。不仅如此，而且还经常感冒，虽然没有什么大病，但总是小病缠身，这些小病总让我担心，我哪天可能就这样去了，留下我老伴和儿子、儿媳妇，还有我那可爱的孙子。所以我总是熬中药调理自己的身体，但是其实没有什么效果，也就是为了求一个心安而已。我晚上都不敢睡熟，因为我起床总是很困难，我总怕有一天我一睡就起不来了。

"直到有一天，我真的因为晕倒进了医院，原来电影里面说的，人在临死的时候，你的大脑真的就会像放影片一样回忆你的一生的。在朦朦胧胧中我看到了自己年轻时候的样子，笑得真是开心啊；还有我的老伴年轻时候的样子，那是我们结婚的时候；还有我儿子出生的时候，还有我孙子出生的时候，这些都是美好的回忆啊！可惜我就要离开了，虽然我很舍不得他们，但是我知道，这一天终究会发生的，与其带着遗憾，不如微笑着跟他们说再见吧！于是我带着微笑和幸福离开了这个世界，去了另一个国度，希望另一个国度的人都不要太难相处，我的家人们也要好好地生活下去。"一个曾经在鬼门关走了一遭的老人这样说。

死亡于我们而言究竟意味着什么

当人老了的时候，总是喜欢追忆自己的过去，回味自己的一生，因为老年期是获得完善感、避免失望和厌倦感的时期，埃里克森说这是获得智慧的时期。当我们进入人生的最后阶段，如果我们对自己的一生比较满意，那么就会觉得自己的一生是完整的，就可以获得一种完善感；如果觉得自己的一生一事无成，消极地看待自己的一生，否定自己的一生，就会产生厌倦感，同时恐惧死亡。

老年人会对自己一生的经历进行反省，回顾往昔日益频繁，但对自我的探索仍在继续，对于死亡的关怀会不断减少。由于老年人见多识广，目睹了大量的生生死死，所以很多老年人对于死亡会有一种正确的认识，他们不像中年人那样惧怕死亡（人在中年总是会有很多牵挂的东西，因为中年只是人生得意一半而已，上有老、下有小，所以很多中年人不想在这个年纪就死去）。但这并不代表老年人有想死的愿望，而只是表示他们对于死亡这一事实的认可和接纳。实际上，老年人是需要很大的勇气来面对死亡的，同时还要充满乐观和热情地度过生命中的每一天。

著名学者屈布勒·罗斯提出，一个人在临终的时候，通常会经历下面五个阶段。第一个阶段是否认的阶段，"不不，不可能是我"，患者认为死亡不可能发生在自己身上。所以家属要充分理解这样的心情，同时还应当给予尽可能的同情和体谅。第二个阶段就是愤怒的阶段。患者开始承认死亡，但是会经常感到愤怒，"为什么死的人偏偏是我"。这个时候，当事人和家属都要充分认识到愤怒的危害，要尽快地过渡到平静期才行。第三个阶段是交易的阶段，又叫作讨价还价。这个阶段的患者会表现得特别随和，他们通常会与医生、"死神"进行交易，取得同情和帮助，为了增加自己的寿命，会承诺"如果您再给我多一年的时间，我将会做很多的善事"。第四个阶段是抑郁的阶段。当他知道第三个阶段的讨价还价无效之后，就会表现出抑郁，甚至可能自杀。当患者面对即将和亲人永别、即将抛弃财产以及他们所拥有的一切时，就会表现出叹息、悲观、沮丧的情绪，"好吧，我知道是我"。这个时候家属应当给予他们安慰，理解患者，尽快让患者恢复到安静的正常状态，但是要注意自己的用语问题，用语不当可能会激怒患者。最后一个阶段就是承受的阶段。没有所谓的悲伤和高兴，而是接受自己即将死亡的事实，"是我，是我，我已经准备好了"。

如何管理好自己对于死亡的恐惧

第一，训练自己管理对死亡的恐惧的能力。可以通过写关于死亡的短文，或者是回答濒死以及死亡后的问题，还可以观看致死交通事故的视频。通过这种简单的方式，思考关于死亡的问题，在某种程度上可以看到自己对于死亡的态度是怎样的，从而关注自己的内心世界，进而在主观上改变自己对于死亡的看法。如果可以的话，还可以去参观死亡体验馆，体验在棺材里面的感觉，体验在墓地的感觉，通过这种方式可以唤起我们的死亡意识，然后对其进行积极的反馈，这样就可以减少我们对于死亡的恐惧。一般来说有过濒死体验的人会更加热爱自己的生命，表现出更多的助人行为。现在很多城市都会有死亡体验馆、盲人体验馆这样的项目，是一种很好的体验。我们不应当恐惧死亡，而是应该直面死亡。

第二，学会死亡反省。死亡反省指的是让我们设想自己死亡的可能情景，在想象的过程中进行提问，比如有一个这样的场景，你躺在医院的手术台上，医生在为你动手术，因为长期吸烟，你的肺受到严重的损害，然后你突然听到一个声音，原来是生命迹象仪显示你快要死了，你突然连呼吸都很困难。当你想象到这个情景的时候，就问自己"当我听到生命迹象快要停止的时候，我的内心活动是怎样的，我是不是感到恐惧，我恐惧的是什么"等问题。这样的方式，虽然是一种想象的情景，但是在某种程度上可以改变一些人不健康的行为，比如吸烟，同时还可以激发更多的利他行为。

第三，作为家属的我们应该做些什么？我第一次听到"死"这个词，是在我上小学的时候。那个时候，我有一个很好的玩伴，我们是很好的朋友。在暑假过后的9月份开学的日子，他没有来学校，老师告诉我们他暑假在河里游泳，然后溺水，没能够被救出来，于是他离开了这个世界。也许那时候我还小，并不知道死亡意味着什么，只是觉得少了一个玩伴。直到高中的时候，我亲眼看见亲人的离去，与死亡才有了近距离接触。我们家是一个大

内心的重建

家庭，彼此都很和睦，我很喜欢二妈，每一次我放学回家，一定会去楼下她工作的地方找她聊聊天，然后我再上楼写作业。她总是说："好饿啊，要不你去买豆腐脑回来，我给你钱（豆腐脑是我们那个地方的特产）。""明明都已经四十多的人了，还跟一个小孩子一样"，我总是这样想。我哥想起她的时候，总是说："以前我每次干完活回来都会从后面吓她，每一次她都中招，不过，现在已经没有这样的机会了。"最伤心的就是我姐姐和我二爸了。

我二妈是生病去世的。当时她是一直在医院的，那天我在上学，突然接到电话说二妈回来了，于是我就翘了课，骑上自行车回到家中，一回到家就看到楼下摆了一口棺材。我就知道可能是二妈要走了，我扔掉自行车，就跑到她的房间。因为生病，她面黄肌瘦，本来很健康的黑色秀发也变得稀疏，她大口地吸着氧气，好像感觉到我来了，她努力地睁开眼睛，艰难地抬起她的手向我招手。那是我第一次觉得死亡很可怕，第一次觉得死神可以轻易地夺走人的生命，明明人们是那么努力地活着，但是死神想要谁的生命的时候，却是一件那么容易的事情。

那天晚上，我们所有的人都围在那间屋子里，我握着二妈逐渐冰冷的手，直到她的体温变得冰冷，直到她没有了呼吸。我知道，她是不想离开这个世界的，她是不甘心的，明明自己还很年轻，明明有很多事情都还没有做。有很长一段时间，我姐姐都处于一种十分抑郁的状态。在二妈去世后，有一次我发现二爸一个人躲在她的裁缝间里偷偷地哭，也许是不想让自己女儿看见吧。生命中最重要的人，终有一天会离去，希望人们可以好好地珍惜在一起的机会和时间。如果有家人正处于病魔的纠缠中并且时日不多的时候，一定要倾听他的愿望，但不要为他做决定。

幸福来源于哪里

"我太老了，所以我应该退休了，我不应该占着这个岗位了，应让年轻人上来了。但是退休之后总是会感到孤独和抑郁，我的身体状况也开始下降，记忆力不好，听力也不太好，很多时候我都听不清楚他们在讲什么，电视的声音好像也越来越小了，我甚至都怀疑它已经坏了。退休时间长了，我真的感受到，我已经是一个老人了，我已经不再年轻了，我感到我身体里的很多东西都在丧失，也许是老天想要把它们从我身体里抽走。

"老伴的身体也越来越不好，我生怕有一天她会离我而去，儿子和媳妇也总是很忙，所以家里总是我一个人在，空落落的。人一旦闲下来，总是会东想西想的，总是会回忆以前那些在我身上发生的事情，然后惊讶地发现我以前真的过得不怎么样啊，真是令人失望。看着别的老年人都挺幸福的，经常在小区楼下跳广场舞，他们看起来很开心啊，什么时候我也可以像他们一样，脸上总是挂满笑容就好了！"

影响老年人主观幸福感的因素

哈佛大学最近有一项对千禧一代的幸福感的调查研究，通过询问他们什么是幸福，大致得出了这样的结论：80% 的人认为是变得富有，50% 的人认为是变得有名，看来钱和名声对于现在的年轻人来说就是幸福。但是真正能影响我们幸福的究竟是什么呢？哈佛大学也做了一项这样的追踪研究，以724个美国男性为实验者，追踪这些人75年，年复一年地问他们的工作、家庭生活、健康状况。这项实验投入了大量的时间、金钱和精力，虽然中途有人早早去世或者很多人不愿意参与这项研究，但值得一提的是，在这724人中有60人坚持接受调查。

最后，研究者得到了一份关于幸福是什么的结论，那就是：良好的人际关系可以使我们感到幸福、健康和快乐。一个人在50岁时对于自己的人际关系的满意度影响他们80岁时对人际关系的满意度，不管是否身患疾病。被试者告诉研究者，虽然有时候会有一些小吵小闹，但最重要的是，当你老了，还有人在你身边，支持着你，那便是最大的幸福了。或者说，当我们老了回忆起自己的过去，有一个良好的人际关系，我们的脸上也会挂满笑容的。

同时，影响主观幸福感的还有一些其他因素，比如，老年人对日常环境的控制感也影响着老年人的主观幸福感。有关养老院的实验研究得出了这样的结论，实验将老年人分为两批，一批老年人可以自由布置自己所住的环境，对于自己的生活有一定的控制权和管理权，老年人可以在自己的房间养花，行动自由不受别人支配。另一批老年人，则是所有事情都由别人给老人们准备好，不需要老人们为自己的生活操任何心，就连他们房间里花盆的摆放都是安排好的，所有活动都要经过管理者同意。经过一段时间后，比较两者的死亡率，结果发现对自己生活环境控制感强的老年人比控制感低的老年人死亡率更低，这就说明环境控制感对于老年人的主观幸福感十分重要。

还有就是亲子的支持。一个温暖的家庭具有保护作用，一个和谐的家庭可以提高老年人对生活的满意度，家庭和睦、相互支持是幸福的必要因素。

怎样做一个幸福的老年人

马克·吐温曾经这样说："生命如此短暂，我们没有时间去争吵、道歉、伤心、斤斤计较，我们只有时间去爱，一切稍纵即逝。"

第一，做好年轻时候该做的事情。要做到这些事情并不难，可能是一起做一件新鲜的事，挽回一段生锈的关系；也可能是用面对面的时间代替看视频的时间；还可能是给许久未联系的亲戚或者是朋友的一个电话。在我们依然年轻的时候，就保持良好的人际关系，不需要太多，有一两个真心的朋友就好了。

第二，作为一个老年人，要学会和过去的生活道别。迎接老年生活带给自己的挑战以及完成自己人生中最后的任务。首先，学会适应自己生理上的变化。虽然各种身体机能都在退化，但是这不代表老年期是没有发展的，很多老年人会更加智慧，比如在文学上深有造诣的往往是老年人，因为他们经历了人生的大起大落，有着丰富的人生阅历，即使是在老年的时候他们也不忘促进自身的发展。

第三，重新认识过去、现在和未来。在人生的最后阶段，重新认识自己，正确看待自己的一生，也许你的生活并没有你想的那么差。你生儿育女、找到伴侣、正常退休，你还帮助了许多人，也许你所做的并不是你想象得那样少。

　　第四，形成新的生活结构。很多老年人在退休之后都会经历一个适应期，在这个时期我们往往会感到怅然若失、烦躁不安，可能会产生抑郁、焦虑的情绪，这称作"退休综合征"。老年人在这个时候一般都是很难熬的。因此，在这一时期老年人要接受自己的退休生活，发展新的生活模式。社区的影响是很大的，老年人要在社区里找到自己新的伙伴和新的兴趣，参加社区的娱乐活动，这些都可以增加老年人的主观幸福感。

第三章

心理的重建

　　世界卫生组织对于心理健康的定义是能够从容应对生活中的压力，高效、有成果地工作，可以为社区做贡献。我们每个人都非常关注身体健康，即使是 3 岁大的孩子都知道不小心摔倒，腿上出现伤口，要用创可贴盖住伤口，避免伤口感染。但是很多人不知道如何保持自己的心理健康，人们也没有意识到心理健康对于我们是多么重要。尽管现在大众对于心理学的接受度有所上升，但是依旧有很多人对心理健康的认识并不充分，甚至在很多发展中国家会经常出现心理疾病妖魔化的现象。

　　不知道大家小时候是否有过这样的体验，在村子里面，可能会出现这样一个人，他每天就在街上晃悠，大声说话，你不知道他在说些什么，就是一个人自言自语地说。作为一个对世界充满好奇的孩子，你可能会对这个人产生一点兴趣，就会问自己的妈妈："妈妈，他怎么了，为什么他要这个样子啊？"这个时候你的妈妈就会回答说："不要看，这个人疯了，是一个疯子，你靠近他就会发疯，所以你不准和他说话。"

　　当我们谈及这类人的时候，厌恶、害怕、鄙视的心理就会油然而生。许多地方都普遍存在这样的现象，这就是心理疾病妖魔化，表明很多人无法正确看待心理疾病。当我们的身体出了毛病时，每个人都知道要去看医生，把自己的病治好，但是心理健康出了问题，人们选择的却是不在意、不关注，更不知道如何去维护自己的心理健康。每个人都会有负面情绪，一个人不可能永远开心、快乐，我们会孤独，也会经历失败，遭到拒绝，当出现这些心理困扰的时候，如何正确地应对和处理呢?

摆脱孤独

一个朋友回忆往事的时候说:"在我读大学的时候，几乎每次过生日，我的父母和朋友都会给我打电话。但是在我22岁那年生日的时候，一整天一个电话都没等到，连和我朝夕相处的室友都不知道那天是我的生日。带着一丝丝的希望，我等到了半夜12点，但是依旧没有等到任何电话，我伤心、难过极了，就跑到寝室外面偷偷地哭泣。那一刻我意识到，他们也许并没有像我想象中那样在乎我，他们一定都生活得很好吧，大家都有自己的朋友，我在他们心中并不重要。

"我想了很多，但是却连主动给他们打个电话的勇气都没有。第二天我回到宿舍，一开门就看见我室友给我准备了生日蛋糕，他们告诉我是记错日子了。第二天家人和朋友也跟我解释为什么忘记打电话的原因，然后他们就问，为什么你不主动打过来呢?此后，我就在想，是啊，我为什么不打过去呢?明明可以打过去的，原因只有一个，那就是孤独。孤独可以导致我们不敢跟别人联络，孤独使我们不再相信自己的朋友，'我已经够孤独了，为什么我还要自取其辱地被别人拒绝呢?难道我还不够痛苦吗'?但是实际上，我每天都会和室友在一起，所以孤独的感受仅仅是取决于我的主观感受，取决于我是否认为自己在情绪或者人际上与别人隔绝开来。"

我曾经接到过来自朋友的一个电话，记得是在深夜 12 点 30 分的时候，我正准备睡觉，这个突如其来的电话无疑打乱了我的节奏，但转念一想，这个时间点打来或许是有急事吧！于是这通电话持续了三个小时，在电话里面他说了很多，不管是工作也好、感情也好、生活也好，都过得不尽如人意。他告诉我，他没有办法忍受一个人，他需要和人待在一起，所以他很想找一个女朋友……迷茫、孤独、不快乐大概是这一代人的最佳代名词。所以他还是忍受着这份孤独。在孤独面前，没有人能够独善其身。

无法摆脱的孤独

即使是十分成功的人也会感到孤独，不管你在事业上多么成功，孤独却无处不在，任何东西，金钱、名声、权力都没有办法对抗孤独。因为孤独是生命的一部分，从马斯洛需要层次理论的角度来看，我们没有办法忍受孤独是因为归属与爱的需要。我们和别人建立关系，渴望一个有爱的群体，不管是家庭还是其他。而满足这种需要就要进行社交，我们的大脑对于自己的社交需求十分在乎，因为几百万年以来，不管是远古时代还是现在，很多活动都是大家一起协同完成的，只有通过相互的协作，我们才能够在充满野兽的时代或者是当今这个时代生存下去。马斯洛认为人的归属与爱的需要是一个人成长的基本需要，是必须满足的。

孤独会带来十分严重的危害。研究表明，很多独居老人相对于和子女一起居住的老人，更容易感受到孤独，死亡率更高；孤独使人快速老化，免疫系统变弱，更容易患癌症等疾病。

如何克服孤独

在一个有凝聚力的群体里面，我们会有一种强烈的归属感，感觉自己是属于这个群体的，而不是被孤立的。如果一个群体对一些重大事件的处理以及对于事物的认识同我们保持一致的话，那么我们就会认同这个群体，进而产生强烈的认同感。最重要的是，我们能够获得社会支持，也就是说群体成员能够在我们失败的时候鼓励我们，也能够在我们成功的时候赞许我们。有了这样的支持，即使我们处于不利的环境中，我们在心理上也不会感到孤独。所以，在面对孤独的时候，我们需要做到以下四点：

第一，寻找自己的社会支持。研究表明，在社交痛苦产生的时候，这种痛苦会使我们的身体和心理都产生一种防御机制，所以我们更可能会拒绝别人的关心和帮助。"你怎么了？""没事，我很好。""有什么不开心的跟我说。""没啥不开心的。"但是我们此刻脸上的表情就说明了一切。所以，不要把社会支持拒之门外，而是要试着接受他们。

第二，自我反思。当我们感到孤独的时候，我们更有可能错误地解读信息，比如三个人一起吃饭，如果另外两个人交谈甚欢的话，我们可能会认为他们在孤立自己，觉得他们两个更加要好。面对这种状况，我们要更多地关注别人，而不是自身的问题。一般情况下，我们在孤独、痛苦的时候，情绪识别系统也会失调，会将一个人中性的面孔识别为敌对。简单来说，我们会认为别人就是在故意孤立自己，但实际上别人并没有这样做，就此彼此之间就造成了误会，使事情变得更糟，甚至导致一段关系的破裂。所以当我们发现自己关注负面信息的时候，停下来思考一下，信息或许未必就是负面的，也有可能是正性或者是中性的。

第三，试着接受自己的孤独感。事实上，这个世界上每天都有很多人在不同程度上接受孤独。所以，不是只有我们自己才会有孤独感，别人也是如此。当我们意识到孤独感会导致恶性循环的时候，就是设法改变孤独现状的时候。

第四，勇敢地迈出改变自己的第一步。我们仅仅进行自我反思是不够的，还要试着采取一些行动，比如给很久不联系的朋友写一封信，给比较疏远的亲戚打一个电话，或者是做一些自己平时从来没有做过的事情，如果你从来没有去过俱乐部，不如趁着这个机会去尝试一下，说不定会有意想不到的收获。

战胜挫折

我们经常会看到这样的例子，刚刚毕业的大学生在经历了实习期之后，或者是做了不到一个月的工作，就决定辞掉这份工作，回到自己家中。他们回家很重要的一个原因，就是因为承受不了失败。他们内心独白：我为什么什么都做不好？我为什么这么失败？我想回家；这个社会太残酷了，不适合我，我要回家。

我相信每一位知名作家成功背后都是由反复的失败累积起来

的，甚至一些作家不断地给杂志社寄去自己的文章，然后又不断地被退回，日复一日，年复一年，最后才会在某个契机下成功。任何作品都会经受各种各样的评论，假如你是一位作家，你可能会遭受主编的无情攻击，"你写的这是什么垃圾？""这样的东西根本不会有人看！""你还是不要写作了吧！"，等等。当面对失败的时候你是否也想过，"我不想干了，我想回家"，或者是内归因为自己的问题，"对，我就是一个非常失败的人，我是扶不起的阿斗，我烂泥扶不上墙"。

失败的时候，我们的思维是怎样的

当我们面对失败的时候，我们的大脑中有固定的思维和感知模式。那么我们应该如何应对失败呢？我们的大脑告诉我们，"你根本无法做成什么事情"，而我们接收到了大脑的信号，我们就会开始感到无助，或许我们再尝试一两次，就放弃了；或许我们一次也不尝试便选择放弃，然后更加确定自己无法成功。

学者做了一个实验，分别给三个孩子一个箱子，实验者告诉他们里面有他们想要的玩具，但是他们要经过自己的努力才能够拿到。于是，三个孩子开始鼓捣自己的箱子。第一个孩子按动三次之后发现打不开，于是就不尝试了；第二个孩子看到第一个孩子没打开，一次也不尝试，就在那里哭；第三个孩子经过多次尝试之后，打开了箱子，拿到了玩具。他们面对挫折时的不同态度与成年人如出一辙，或许这就预示了他们长大之后面对失败的做法。

有这样一类人，当他失败的时候，他会连自己之前的成功也一起否定掉。其实人是一种十分有意思的生物，当我们一旦认定某个观点的时候，就会坚持下去，很难被改变。

应对失败

第一，找到动力。这个动力指的是我们所热爱的东西，在我们的一生中，一定会有自己所热爱的东西，我们需要做的就是从自己所热爱的事物中找到最有价值的部分，并且为之努力。只要付出你全部的精力、毅力，并且沉迷其中，我可以向你保证，你所有的努力都不会白费。为什么热爱写作的作家，即使遭受不同程度的打击，他们仍旧坚持写作，并且出版一本又一本的作品？因为他们热爱写作。也许有人会说，我觉得自己没有很喜欢的东西，也没有很热爱的，那我要告诉你，不是没有，是你没有用心去找。

第二，找到榜样。榜样的作用十分重要，看到别人成功之后，我们也会向别人学习。前面所讲的实验，前面两个孩子看到第三个孩子成功之后，又重新走向了箱子，然后开始不断尝试。在反复的努力下，他们最后打开了箱子，成功拿到了玩具。所以榜样的作用是不可替代的，榜样就像一面镜子，可以使我们正确地调整自己。我们身边不缺优秀的人，学会向他们看齐并且超越他们，是战胜挫折的重要因素。

接受被拒绝

"我从来没有得到过别人的认可，不管我做什么，我总是会被别人拒绝。高考的时候，没有收到心仪的学校的通知书，去了一个自己不是那么满意的学校；毕业之后，面试了3家公司，也没有收到心仪公司的offer；遇上自己喜欢的女孩也是，好不容易鼓起勇气表白了，但是表白被拒。我不明白为什么被拒绝的总是我，而不是别人，难道我就这么差劲，没人喜欢我，没有公司要我。想了很久，我果然是一个没有能力、没有才华又不幽默的人吧！"一个咨询者对我说。

我的一个朋友有着相似的经历，她通过朋友介绍认识了一位男士，两人素未谋面，但是聊得颇为投机。于是两人约好几天后见面。见面之后，男士就告诉我的朋友，以后不要再见面了，他们不合适。我的朋友被拒绝了，然后她打电话向另一个朋友倾诉，电话里面她的朋友告诉她："那你还想怎样，你又矮又胖，皮肤也黑，见面也不敢跟人讲话，被拒绝是应该的，换个人看到你，也会这么做的……"其实这番话，也是我的朋友的内心独白。

被拒绝意味着什么

当我们被拒绝的时候，我们就会想起以前犯的错，甚至放大那些过错，对自己说，我当时要是不那样就好了，等等。想必大家都应该有这样的经历，但是深究其原因，其实是我们的自尊心受到了伤害，那为何我们还会进一步去伤害自己呢？因为我们被伤害的同时，还会认为自己就是一个很失败的人，或者自己有什么不好的地方，等等。更甚的是在被拒绝之后，我们会选择逃避，避免和别人交流。但是面对被拒绝，最关键的就是：解释和交流。

在被拒绝很多次之后，你可以学到什么

如果有兴趣的话，读者叮以做一个这样的实验，在接下来的100天里，每天都找一个别人会拒绝你的理由，让别人拒绝你，这叫被拒绝疗法。一个简单的原理就是，使用心理学的系统脱敏技术，当你被拒绝多次之后，你对拒绝就会麻木了，此后你就不会对拒绝产生恐惧了。

人们都不喜欢被拒绝，试想一个这样的情景，你想把你的花种在邻居的花园里面，但邻居拒绝了你，如果不问为什么，你可能会想，他是不是不喜欢你，你是不是哪里做得不好；但是，如果你没有转头就走呢？而是问他，"为什么呢"？这个时候答案还是和你所认为的一样吗？很可能不是的，实际上是因为邻居的狗会刨土，所以邻居才不让你把花种在他的院子里面，并且他还告诉你，他喜欢养花的人。

所以，当你被拒绝的时候，要学会提问，了解被拒绝的真正原因，不要逃避被拒绝的尴尬，而是接受。就像我们去面试，如果面试失败了，不妨问一下面试官为什么自己没有被录取，从而有针对性地做出改变，这也是我们提升自己的有效方式。所以，面对拒绝，不要逃避、不要害怕，试着去拥抱它。提出请求其实并不难，只要能够坚持下去，我们就会得到我们想要的东西。

情绪是把双刃剑

一位来访者对我说："老师，我真的挺讨厌我自己的，每次做一些决策的时候，我总是会想得十分悲观，甚至连我室友都受不了我了。他们总说我说的话很影响别人的情绪，我也不知道如何是好，但是我觉得看待事情要做最坏的打算，这样并没有什么不好。但是我这个人的确很容易情绪化，并且还会把这种情绪传递给别人，我觉得特别不好。因为一点点小事情，我就很容易生气，寝室里面大家不扫地我会不高兴，然后我就会说他们，但是他们还是不扫，我看不下去了，就会把地扫了，但是我扫了之后，又会十分后悔，我当时就不应该去扫地的，然后我就越想越不高兴。甚至我会想到不仅仅是扫地，有时候他们玩游戏还特别吵，小组作业的时候也不积极参与，我真的是受不了他们，然后就会越想越烦，甚至会伤及无辜。我知道这样是不对的，但是我总是会因为这些小事感到烦躁，甚至还会十分焦虑。一旦焦虑，我就会暴走，别人怎么拽都拽不住，为此我也很苦恼，每天生活在这样的情绪之中，不知道该如何是好。"

关于情绪

大多数人对于情绪的认识往往是片面的，并且很多人认为有情绪不是一件好事。当我们面对某些事情的时候，我们特别容易情绪失控，一些脾气比较冲动的人可能会音量突然提高，或者是走路的速度突然变快，甚至有些人嘴上会骂骂咧咧，也许他们还会眉头紧锁，怒容满面。当然最糟糕的就是当他们情绪激动的时候，会做出不理智的行为。

我们常常说要控制好自己的情绪，不能让情绪影响自己的工作，仿佛大家都认为情绪不是一个好东西。但是对于另一群人来说仿佛就没有什么情绪，别人对他们的评价就是"平淡"，貌似这个世界上没有什么可以引起他们情绪波动的东西，在他们身上很难看到我们所说的七情六欲。但是这样就会产生一些误解，因为他们不会表达，因为他们只是态度冷淡，所以别人会认为他们是不好相处的人，于是人们就渐渐远离这样的人。但这类人其实是很痛苦的，他们也想要有朋友，只是苦于不知道怎样表达自己，所以造成了彼此之间的误会，不仅仅在人际交往的过程中，在感情生活中也同样如此。

情绪这个词在心理学领域并不鲜见，我们可以看到很多关于情绪的研究，为什么这个看起来并不起眼的词汇，会给我们的生活带来如此大的影响？这是一个很有趣的话题，情绪对于我们的生活十分重要，它的功能十分强大。首先，情绪有生存的功能。一个不会说话的婴儿怎样告诉他的抚养者，他现在想要喝奶呢？答案就是通过哭泣，婴儿的抚养者就是通过观察婴儿的情绪为他提供生存的条件，满足他的需要，这就是情绪的生存功能。其次，情绪还有动机功能。当我们开心的时候，是不是会觉得更加有动力去做某件事情；如果我们觉得沮丧时，那么可能我们这一段时间的工作状态都不好。最后，情绪具有组织功能。当我们心情舒畅的时候，我们就会注意到更多美好的事物。最常见的一个体验就是，当我们心情好的时候，坐在公交车上，都会觉得窗外的人、事、物，一切都是那么美好。我们还会通过情绪将信息传达给别人，因此情绪还具有社会交往和沟通的功能。所以，总结下来，情绪对于人类和人类社会都是十分重要的，是必不可少的。

如何构建自己的积极情绪

现代关于情绪的研究，最受大众认可的要属认知理论了。在这里，我们用比较通俗的语言给大家解释一下认知理论，认知学派把人看作一个信息加工者，认为人类有着自己内在的资源，这些资源是被他们内化了的，同时人类可以利用这些资源和周围环境发生相互作用。认知学派把人看作这样一个有机体，所以他们不强调环境这些外部因素对人的作用，而是强调一个人如何看待事物。举个简单的关于认知的例子，当我们看见一只狗的时候，不是这只狗使我们感到害怕，而是我们看到这只狗，想起以前一些关于狗的事情，可能是好的，也可能是不好的，将当前的情况和过去的事情进行比较，如果两者不匹配的话，我们的认知就会产生信息，动员一系列生化和神经机制，释放化学物质，改变大脑的神经活动状态，使我们的身体适应当前情境的要求，这个时候情绪就会被唤醒，我们就会有不同的感受。

所以情绪是被建立起来的，你为什么会觉察到不高兴，是基于你过去的经验，然后做出预测，你的大脑会根据相似的情境，采用过去的经验，试着去建构它的意义。当我们去解读别人的情绪，其实也有一部分是来自我们自己的经验。举个简单的例子，当我们走进一家面包店，闻到刚出炉的新鲜的烤饼干味道时，我们的大脑会做出预测，如果这个预测被证实，那么我们的大脑会促进一系列生理反应的变化，比如搅动我们的胃，产生饥饿感，并且会以一种愉快的方式吃掉这些饼干。但是当同样的生理反应在不同的环境下出现的时候，比如我们现在在一家医院，同样是胃搅动，但是我们产生的却是不舒服的感觉，这证明了情绪是通过认知建立起来的。所以反过来想，如果我们能改变这些经验，那么这些经验就会影响我们的情绪。

我们要学会的是如何积累丰富的经验，建构积极的情绪。因此，要用不同的方式去建立我们的经验，而不是仅仅局限于一种，比如每天早上醒来，想一下一天中那些美好的事情，今天有一个约会，晚上要去吃好吃的，楼下那家蛋糕店最近在搞特卖，我又可以省下一大笔钱，等等，以此激发积极的情绪。试着每天坚持练习，在每个事件上构建自己的积极情绪，随着练习次数的增加，这种有意识地将情绪变得积极的过程会慢慢地变成一种自动化的加工，即使是在我们面对很负面的情绪的时候，也能自然而然地变得积极起来，甚至对于我们来说，积极乐观已经成为我们的一种人格特质了。

提升情绪控制力

A 先生说："不知道为什么，大家都说我是一个很冷漠的人，说我没有感情，说我面无表情，跟我在一起很无聊，一点乐趣也没有。有时候别人跟我讲他比较难过的事情的时候，我其实很多时候都不知所措，不知道该怎么去安慰他，也不知道该用什么样的方式安慰他，并且我还经常说错话，所以大家也渐渐不跟我聊天了。我想我的共情能力是真的很差吧，或许我就只适合一个人，不适合与人相处。"

B先生说："我是一个不太会看别人脸色的人，好多时候我都不能理解这个人为什么要哭或者是为什么要笑。我也不能在适当的时候，表达出正确的情绪，明明别人已经不想讨论这个问题了，但是我就是察觉不到别人的情绪，还一个劲儿地在那边说。所以我总是会被别人认为很自私，只为自己着想，不为别人着想。有时候我还控制不住自己的情绪，把情绪全部都会写在脸上，只要别人有一句话让我觉得很不舒服，我就会很生气，然后用语言或者行动攻击他，给别人造成了伤害之后，我又很后悔，但是我就是无法控制自己，一直不知道该怎么办才好……"

情绪智力

情商代表了一个人情绪智力的指数。情绪智力，在心理学上是可以精确地知觉、评估和表达情绪的能力以及对情绪的自我调节能力。其实简单来说，第一，我们可以准确地识别别人或者是自己正处于一种什么样的情绪之中。我们可以通过他人的语言、声音或者是行为来判断他人此刻处于一种什么样的情绪之中，也可以关注自己当下的感受，识别自己的情绪。情商还包括正确表达情绪的能力，而不是像某些癔症患者，出现情感倒错的行为。情感倒错可以解释为，当一个人听到亲人离世的消息，本来应该是悲伤的，但是却表现出开心，这就是情感倒错。第二，当处于不同情绪状态的时候，可以针对特定的状态采用特定的解决办法。第三，可以分析情绪背后所隐含的意义，比如有时候我们虽然不开心，但脸上却是开心的表情，情绪智力就是可以理解这种复杂感情的能力。第四，就是在面对负面情绪的时候我们可以控制负面情绪，降低情绪带来的消极影响，增强积极情绪，也就是调节自己情绪的能力，以一种积极乐观的心态面对各种问题。

如何提高自己的情绪智力

第一，情绪觉察。情绪对于我们来说其实并不是一件坏事，它可以帮助我们自我觉察，当我们能自我觉察的时候，我们就可以自我反思。在心理咨询过程中，有一种咨询方法叫作"此时此刻"。"此时此刻"的含义通俗来讲，就是明白当下发生了什么样的事情，关注当下的感受，从感受中获取信息。其实不仅仅是在心理咨询过程中，我们自己也可以随时随地运用心理咨询中的"此时此地"，当我们能够准确觉察到自己情绪的时候，并且学会了如何调整，那么这个时候我们离个性的成熟就非常近了。

在这里有一个很好的自我调节的方法，叫作正念。正念最早的时候是来源于"禅修"，指的是当我们把注意力放在当下的时候，会产生某种意识状态，这个时候要不加评判地对待"此时此刻"的各种经历和体验，简单来说就是深入地感受，有意识地觉察自己所有的行为和状态。最常见的就是观察呼吸，也就是说当我们在呼吸的时候，有意识地观察自己"此时此刻"是怎样呼吸的，将空气吸入肺里面的时候，慢慢感受这些空气进入肺里面，

内心的重建

进入肺泡之后是一种什么样的体验，然后慢慢地将进入身体的空气排出，注意它流经我们身体的哪些部分，慢慢地呼出来，吸气、吐气，渐渐放慢自己的呼吸速度和频率，循环几次，再睁眼……你可以试试这样的方法，这里仅仅是粗略地说了一下而已，想要了解更多的朋友可以去了解一下 ACT（接纳承诺疗法），相信你会收获很多。

第二，学会转移注意力。当我们有情绪的时候，可以把注意力转到其他地方，同时将情绪转移出去。你可以选择感觉最舒服的方式，如果你的情绪是压抑的，就需要找一个地方，把这种压抑的内心感受吼出来；如果你的情绪处于一种比较暴躁的状态，那就需要把这种暴躁的情绪疏导出去，或者是把这种暴躁的感受向外宣泄，你可以疯狂打字，也可以拿出废弃的纸张，然后把它撕碎，还可以找一个沙袋，拼命地打击，等等，这些都是发泄情绪的方式。

第三，假装微笑。心理学上有一个实验，实验的大致过程是这样的，组织者找来一批人，要这批人假装自己很开心，而另一批人假装自己不开心，一段时间之后问两组人的感受。实验结果显示，假装自己开心的人会真的感到开心，原因是生理上的开心会在一定程度上使我们感受到心理层面的开心。所以，假装微笑不失为一种控制情绪的办法。

第四，一种最简单的方法，那就是深呼吸。通过深呼吸让自己的情绪平静下来，稳定自己的情绪。

乐观的生活并不难

故事 A：

我是一名应届毕业生，是一所师范大学毕业的数学老师，但是毕业后的工作我并不满意。

第一，我所在的学校在全市里面排名是最靠后的。

第二，这所学校的教学质量很差，听说是为了安置农民工的子女而建的。

第三，这所学校的学生都不聪明，有时候我需要花很多时间去讲解一个简单的知识点。

第四，这所学校的工资待遇不好。

第五，这所学校的老师特别喜欢跟新老师传播负能量。

……

那请问，这所学校有没有让你满意的地方呢？

回答：没有让我十分满意的，我觉得这所学校糟透了。

然后又开始重复说这所学校的不好……

故事 B：

有一位教授是研究快乐的，英国某个十分有名的寄宿学校想要请这位教授为他们进行一次演讲。教授问他们，你们会对孩子们进行安全教育吗？学校回答："噢，是的，我们每天都在做，周一是禁毒教育，周二是性侵教育，周三是游戏成瘾，周四是校园暴力，周五是自然灾害的防治。"教授听了之后，说了一句话："看来你们还真得请我去为你们演讲了。"

显而易见，不管是学习还是工作，我们身边总是会有负能量的存在，而少了两个字——"快乐"。从什么时候起我们变得不再积极了呢？我还记得自己毕业后参加了工作，一位多年不见的老友见我的第一句话就是："你怎么成了这个样子？"说实话，其实我没有发觉，自己仿佛一瞬间成熟了很多、老了很多，同时也消极了很多，好像失去了读书时候的朝气。我想起了高中时候的英语老师，她唯一给我印象比较深刻的是，不管是上课还是下课，总是板着一张脸，一到下课，即使知识点没有讲完，也是立马就走。班上没有几个同学喜欢她，因为她总是带着负面情绪上课。她也曾经告诉过我们，她是不想来这个地方当老师的，如果不是因为父母的关系，她是坚决不会来的。

难道我们注定成为一个悲观主义者吗

桌上放了半瓶水，悲观主义者说："啊，只剩下半杯水了。"乐观主义者说："啊！还有半杯水呢。"同样是一杯水，一个人在损失框架下思考，一个人在获得框架下思考，得出来的结论却是不一样的。有一个著名的经济学理论叫作框架理念，就是面对损失和收益，我们更关注损失，或者我们把它叫作"失败"，而不是更关注收益，或者我们把它叫作"成功"。这是我们的思维方式。

我们不仅仅更关注损失，并且十分容易被损失框架影响。以经济危机为例，经济危机持续的时间十分长，但是总会有好转的一天。根据对公众的调查显示，经历过经济低谷期的人，即使经济从数据上来看是真的好转了，但是人们也不愿意相信经济形势是真的像数据所显示的那样。因此，损失框架会影响我们的思维方式，甚至左右做出决策。这种思维方式会给我们带来很多痛苦，使我们看待问题不再积极，消极的情绪影响着我们的行为、人际关系等。所以，我们应该更加关注"快乐"，追求"幸福"。

在心理学领域，积极心理学是近年来才开始发展的流派，它关注人本身以及人类的幸福。快乐和幸福是积极心理学两个重要的概念：

"快乐"这个词语大家都不陌生，每个人都希望自己是快乐的、幸福的，很多人为了追求这样的目标而不断努力。人们往往会认为快乐产生于发生某件事的时候，体验感最强的时候以及结束体验的时候，而不是整个过程的体验。比如你看一部喜剧片，如果有一刻是十分好笑的，你会觉得这部影片是十分有趣的。同时我们也存在对于快乐的估计偏差，很多人会认为我们对快乐的感觉会持续很久，但是它并没有我们想象中的那么久。

福流，它是人们高度参与某些活动时所伴随的一种心理状态。比如一个作家在创作某部作品的时候，会废寝忘食，高度专注在这件事上面。处于这样一种状态的时候，个体会觉得时间过得非常快。快乐的时候你会感觉自己是快乐的，但是福流则不同，当你全身心投入一件事的时候，也就是说处于福流状态中的人是没有感情意识的。我们之所以会把福流描述得十分快乐，是因为我们事后的判断，在活动过程中快乐其实并没有表现出来。

如何才能制造幸福

第一，利用你的风趣和幽默以及头脑，学会设计美好的一天。当我们去设计的时候，我们的大脑中会想象这样的场景，这无疑是一种积极的呈现。给自己留一个美好的星期六或者星期天，做你能想象到的美好的事情。

第二，感恩访问。每个人都可以做这样一个感恩访问，你可以尽情地回忆，寻找脑中那个值得感激的人，这个人最好是健在的。当你确定了这个人之后，请你写一封信，如果你有足够的勇气，也可以进行登门拜访，然后念给你想感谢的人听。不要觉得奇怪，这一定是一个热泪盈眶的场景，并且日后回想起来，你也会认为这是一件美好的事情。

第三，优势约会。通过这样的方式可以让彼此进行优势对话，而不是围绕自己的劣势。没有人永远是失败者，也没有人身上全是缺点，每个人身上都会有自己的优势。当我们遇到自己心仪的异性的时候，用我们的优势跟他对话，如果你不善交际，那就选择倾听，请不要自卑。

第四，参与慈善。当我们参与一些慈善活动的时候，会感到自己也为这个社会献出了一分力量，会感受到自己是有价值的。这也就是为什么社会参与感对一个人来说十分重要的原因。

第五，写下三件好事。我们在每天快要结束的时候，晚饭或者睡觉前，写下这三件好事，同时回答这样一个问题："为什么会发生这样的好事呢？"比如你的伴侣给你买了一支冰激凌，"是因为我的伴侣很在乎我，知道我想吃，或者是我让他买他就买了，因为他很听我的话"，等等。

以上这些方法都可以提高我们的幸福感。

什么是 PTSD

PTSD 这个词大家会觉得陌生，但是谈到与之相关的故事，或许大家就都不觉得陌生了。2008 年的汶川地震，虽然已经过去十多个年头了，时间可以冲淡很多东西，但是对于一些人来说，那是他们永远也无法抹去的痛苦记忆。我参加了汶川十周年抗震救灾的讨论会，大会云集了很多来自海内外的心理学"大佬"，从他们的口中，我听到了这样一个故事：

一个小女孩，在被困四天四夜零五个小时之后，被解放军救了出来，十分幸运。小女孩并没有受很严重的伤，因为她是被她的父亲用手和脚作为支撑，围在自己的保护伞之下的，所以小女孩才没有受太大伤害。遗憾的是她失去了父母。虽然身体没有受伤，但是心受伤了，在小女孩被救出来之后，她一句话都没有说，两眼无神，只要一关灯，她就会尖叫，并且重复叫着"爸爸妈妈"，她甚至会钻到已经是尸体的父亲的怀中，只有在那里，她才会得到一丝丝的安心。每天晚上她都经历着地震的噩梦，她的耳边会响起父母的呼喊声，她的脑海中会浮现前一秒他们还在幸福地准备吃饭，下一秒就回到了地震的场景中，这种突如其来的转变，使她十分痛苦，她甚至还会想到父亲那个时候被上面的砖瓦、水泥以及钢筋混凝土所压垮的狰狞面孔，这一幕幕都出现在她的眼前，是那么清晰。有时候小女孩只要听到一点点声响，就会十分警觉，生怕会发生什么一样，所有的专家和救援人员都十分心疼她。

类似的情况不仅发生在自然灾害中，也发生在残酷的战争中。那些曾经参加过战争的士兵，在回到和平年代之后，不知道自己该做些什么，有些人甚至每天拿着枪，自言自语；一些体验过失去自己战友、看着战友阵亡的士兵，每天都活在看到他战友倒下的那一刻的情景之中，无法摆脱这样的痛苦。

PTSD 的产生

我们把这种心理障碍叫作"创伤后应激障碍"，英文缩写PTSD（Posttraumatic Stress Disorder）。一般来说，一个人在经历过强烈的精神应激之后（应激是一种情绪状态，指的是当人面临某种突发事件时候的一种情绪反应，这个时候我们会产生一些生物学上的变化，比如呼吸急促，等等），也就是遭受创伤之后会出现一种应激障碍，主要表现为过去那些遭受过的创伤体验在当事人的梦境重现，或者在他发呆的时候出现在脑海中，有时候当事人看到类似的情景的时候，就会想起那个时候极度痛苦的体验。高度的焦虑对人们的生活产生影响，更为严重的是，当事人可能会丧失那段时间的记忆，这表示他对于这个创伤出现了回避。

用专业的学术语言来概括，我们可以将PTSD解释为，由于一种十分异常的或者具威胁性的心理创伤而导致延迟或者长期持续的心理障碍，主要表现为病理性表现、噩梦惊醒、警觉性持续

第三章　心理的重建

提高和回避。所以一般来说，PTSD 出现在某种重大灾难之后，比如 2008 年汶川大地震或者是某些自然灾害发生后，有时候至亲的人突然离去也会导致其发生，或者是我们小时候在游泳池差点溺水，从此以后我们就再也不敢接近游泳池了，甚至可能会恶化到一旦我们碰到水，就会想起那种窒息的感觉，这无疑会给我们的生活带来很多困扰。如果是已经恶化到这种程度，求助心理咨询师或者是心理医师都是十分必要的。

如何调节

第一，保持乐观。记得 2008 年的时候，作为一名心理服务者，我去参加汶川抗震救灾，四川人民的乐观给我留下十分深刻的印象。记得那个时候已经接近救援的尾声了，剩下的工作就是灾后重建和心理辅导，虽然大多数人还是沉浸在自己的亲人离去或者是自己失去了身体的一部分以及家园的痛苦中，但一些遭受同样痛苦的人组织起了打麻将的活动。当时灾区还有很多日本学者，他们都惊讶于四川人民的乐观，要知道日本也是一个地震多发的国家。我也觉得很奇怪，明明都已经这样了，为什么他们还能打起麻将？但是通过观察，我发现打麻将对于灾区人民来说是一种很好的调节自己心境的方式，"现在已经这样了啊，还不如打麻将开心一下"。更为重要的是，这个活动带动了许多人，本来大家打麻将是纯属娱乐，将其作为一种调节心境的方式，说不定是一种新的尝试。

第二，心理危机干预。心理危机干预主要指的是帮助处于心理危机状态下的个体摆脱困境，战胜危机的过程。当危机发生的时候，我们要做的不是放任不管，而是需要积极地寻求帮助。

上瘾了怎么办

　　我之前看过一本书，大家应该都看过，就是余华的《活着》，里面讲述的是福贵一家的故事。看了之后，读者对于人的坚强和伟大又有了新的认识，同时也为自己感到惭愧，别人都是很坚强地在生活着，自己却在这里自怨自艾，在面对挫折的时候瞬间充满的动力。该书大致讲述的是一个富二代因为赌博失去自己家族一切财产的故事，但最后所有人都死了，他的父亲、母亲、女儿、女婿、儿子、儿媳妇、兄弟、外孙，只留下福贵和他的一头牛在这世上活着。

　　看起来所有悲剧的罪魁祸首都是因为赌博引起的。我突然想起有一个来访者跟我说，她说因为她的赌博行为，她老公要和她离婚。这个来访者三次参与网上赌博，一共输了 20 万，这一次离婚是她第三次赌博被骗，她老公受不了了，所以提出了离婚。

　　当时她是这样跟我描述她的赌博过程的："这个东西有了第一次，就会有第二次，然后就会有无数次，就像我身体里面有瘾一样。在接触这个之前，我本是一个全职太太，很想出去工作，很想去赚钱，但是我没办法赚钱。某天，我收到一条短信，是关于网络彩票的，当时没想太多，就点击了进去，于是就踏上了不归路。前一两个星期，我赚了有一万多，我感到很兴奋，还想要赚更多的钱，但是后来也不知道为什么就一直输，直到我老公发现，那时候我已经欠了 3 万块了。但是老公帮我还了债，让我不要参与这样的赌博，我也做了保证。显然，我说的话都是空头支票，没多久，我又开始参与网上赌博，第二次被骗了 9 万块，第三次被骗了 10 万。每一次都是想翻本回来，自己觉得不行，一定要翻本回来，就好像有种一定要赢回来的欲望，这种盲目的自信我也不知道从哪里来的。刚开始的时候我是赚了的，所以我想我还是会赚的，我带着这样的想法去参与赌博。现在我爸妈都不管我了，我老公也要跟我离婚，还不让我见女儿。我觉得所有人都抛弃我了，我不知道该去哪里了？"

赢了的人会赌，输了的人还是会赌

人为什么会赌博呢？背后究竟有什么原因呢？对于赌博的行为我们可以简单地解释为，赢了钱的人还想赢，输了钱的人想要继续翻本，这就是为什么人们一旦参与赌博，很快就会上瘾的原因。用心理学的理论来解释，就是卡尼曼等人提出的关于决策的前景理论。前景理论的基本观点之一是，我们大多数人在面临获得的时候，都是"风险规避"的，也就是说在我们获得一样东西的时候，行为会偏保守一点。这就可以解释，为何有些人在赢了钱之后，就想要结束这个赌局，然后离开赌场，这就是风险规避。当然，赌博的人之后还会继续参与赌博，为了更大的收益。

然而在面临损失的时候，人们是"风险偏好"的，也就是说，人们一旦遭受损失，所做出的决策会更加冒险，这就是风险偏好。这就可以解释，为何有些人即使是输了钱，还是会继续赌博，因为他们总想赢回来，觉得他们也能翻盘，即使是在这样的高风险下，他们还是会选择继续赌博，最后就落个满盘皆输的下场。

当我们面对赌博，应该怎么办

第一，使用系统脱敏疗法。这种疗法我们可以用"润物细无声"来形容，举个简单的例子，一个人恐高，我们可以让他站在一座具有一定高度的山峰上，比如 200 米，下一次就让他站在 300 米的高峰上，再下一次就是 400 米，慢慢地一次次递增。基本的理念就是通过逐步增加一定高度，直到最后达到我们想让他达到的那个高度，这样他的恐高也就解决了，这就是系统脱敏。用到赌博上就是，如果一个人嗜好赌博，那就让他第一次坚持 1 周不赌博，第二次坚持 2 周，第三次坚持 1 个月……慢慢改掉赌博的习惯。

第二，多次制造高峰体验。什么是高峰体验呢？高峰体验简单来讲，就是当一个人做一件事的时候，他能将这件事做到极致，多次做到极致之后，他便不想做这件事了，因为这件事对他来讲已经没有任何意义了。就像 20 世纪 90 年代的很多香港电影中赌神最后都退出了江湖，因为找不到对手，他们每次都能赢，所以，他们渐渐地对赌博失去了兴趣。但是这样的人毕竟是少数，因此，我们可以在生活中制造这样的赌局。当一个人想要赌博的时候，选择和一些新手对赌，同时不能涉及金钱，由于每次都能赢，毫无挑战性，渐渐地，他就会对赌博失去兴趣。

第三，如果一个人因为赌博付出沉重的代价，这个代价对于当事人来说，难以承受的话，有助于他戒赌。那就请赌博者想一想自己的家人、自己的后代，如果自己都垮了，那他们又该怎么办呢？这是当事人要思考的问题。赌博者还应该思考以下几个问题："五年后的我是什么样的？还是现在这样吗？""十年后的我是什么样的？还是现在这样吗？""二十年后呢？""三十年后呢？"……不断问自己类似的问题，通过这样的提问方式，了解自己，以发展的眼光看待自己，染上赌瘾不过是人生中的一次波折而已，没什么大不了的。

抑郁症究竟有多可怕

现在很多人听到抑郁症这个词，都会和死亡联系在一起，近年来很多明星自杀的一个共同原因就是抑郁症。抑郁症引发了很多人的思考，抑郁症已经使人们产生深深的恐惧了。

而这样的恐惧会导致的一个结果就是，一旦有人听说自己身边的人得了抑郁症，大家都会敬而远之。因为谁都不想你的某一句话可能就会伤害到某个患有抑郁症的人。其实这是一种对抑郁症的偏见。因此，有必要让大家真正了解抑郁症。抑郁症不是不可治愈的，虽然调查显示抑郁症的死亡率非常高，但是那也不意味着我们就应该恐惧它，对抑郁症患者唯恐避之不及。他们在患上抑郁症之前并不是这样的，而是和我们一样的正常人。那么，抑郁症究竟是什么问题造成的呢？

是什么使我们抑郁

一旦涉及抑郁症这个问题的时候，很多人会说，可能是因为遭遇了什么事情，才导致抑郁的，一些人急切地寻找原因，却又无法完全还原事情的真相。如果是这样的话，就会忽略很多其他因素，导致抑郁的原因有以下几个：

首先，是遗传因素。基因是一种神奇的力量，正是因为基因，才形成了我们现在的模样，我们在多大程度上与父母相似，就是取决于基因。此外，基因还会影响我们自身的很多方面，比如人格、能力，甚至是我们以后可能患上抑郁症的概率。这里可以以精神疾病的遗传因素来做参考，根据医疗机构的调查，精神疾病具有家族遗传史，如果一个人的父母患有某种精神疾病，那么这个人患上精神疾病的可能性也会高于正常人。抑郁症的发生具有重要的遗传基础，其遗传率为 24% ～ 55%。

其次，是环境因素。环境又分为社会环境、生活环境和家庭环境，不同的环境对人产生不同程度的影响。在这里我们只谈和自己生活息息相关的因素，那就是我们的生活环境。抑郁症并不是说突然有一天就发生了，而是一个长期积累的过程。大量研究表明，负性事件会对青少年早期抑郁产生影响，青少年早期抑郁的发生的确存在基因和环境因素的复杂交互机制（但是并不是所有的人经历了负性事件之后就会抑郁，一些人反倒可以从这样的事件中让自己得到进一步升华）。

一般来说，现在主要的抑郁群体还是 18 岁以后的成年人，因为我们会随着年龄的增长经历更多负性事件，不管是生活、恋爱、学习，负性事件总是存在。我相信，很多艺人都经历过来自网络暴力的伤害，很多明星患上抑郁症，甚至自杀，网络暴力有着回避不了的责任。在这个"键盘侠""喷子"横行的年代，人们已经忘记了人性中也有善良的一面，留下的只有丑陋和残忍，至少在他们躲在电脑屏幕后面用键盘敲打出那些中伤别人的话的时候是这样。

面对抑郁症，我们应该做些什么

第一，将抑郁症消灭在萌芽状态。父母的教养方式对于青少年早期抑郁有重要影响，但是这样的影响又建立在不同的遗传基因上，其中还存在着性别差异。父亲积极或者消极的教养方式影响着男孩，而母亲积极或者消极的教养方式则影响着女孩。负性事件的影响是巨大的，但是人自身的力量也不可小觑。通过自身的努力，强化心理素质，培养积极乐观的思维方式，我们可以消除负性事件的影响，把抑郁症消除在萌芽状态。

第二，不能将正常的抑郁误解为抑郁症。很多时候我们经历了某个负性事件，感受到自己心情低落，也许很长一段时间心情都无法改善，我们就会以为自己得了抑郁症，这也是很多人对抑郁症的误解。虽然抑郁不等于抑郁症，但它有可能是一个信号。抑郁症在 ICD-10 中的定义是，它属于心境障碍中的一种，抑郁症又被称为抑郁发作。主要表现为情绪低落、思维迟缓、意志活动减退的"三低"症状。目前认为抑郁的核心症状包括情绪低落、兴趣缺乏和快感缺失，可伴有躯体症状、自杀观念和行为等。发作应至少持续两周，并且不同程度地损害社会功能，给本人造成痛苦或其他不良后果。抑郁可一生仅发作一次，也可反复发作。

也就是说，一个抑郁症患者在一段很长的时间内，最低是两周乃至更长的时间都处于一种情绪十分低落，不管做什么事情都没有办法让他的情绪高涨起来。程度轻一点的，即使在抑郁的时候还是能够继续工作和学习；抑郁程度一旦变得严重，就会表现为不想工作、什么都不想干，每天就把自己关在家里面，仿佛对一切都失去了兴趣。抑郁症大多数都会伴随失眠，如果长时间处于这样的状况，可能会导致自杀行为。

所以，当我们觉察到自己长时间处于抑郁状态的时候，可以选择在权威的网站上进行测试。有一个抑郁量表，英文缩写是SDS。但是要注意的是，量表的解释一定要请专业人士做，我们可以寻求心理咨询师的帮助，根据评分标准判断自己最近的状态，进一步寻求专业人士的帮助，这是保护自己心理健康的有效方法。

第三，减少情绪习惯化。目前很多学者都比较关注动态情绪对心理健康的作用。习惯化指的是，反复出现一个刺激的时候，我们对这个刺激的心理反应就会逐渐减弱，这个概念最早应用于对婴儿的研究。举一个简单的例子，假设我们买了一部新手机，刚开始我们十分兴奋，并且非常爱护新的手机，随着接触的次数越来越多，我们对它的兴趣就下降了，甚至都不如之前那样爱惜了。基于此，研究者发现，很多抑郁个体会更加容易发生情绪习惯化，换而言之，就是他们对于积极情绪的感知比常人更低，比常人更加容易消退，也就是说更加容易习惯化。

所以，为了防止情绪习惯化的形成，我们可以增加情绪的多样性，也就是说，让自己的情绪体验丰富起来，不要只给自己制造单一的情绪，除了快乐、痛苦，还可以有骄傲、自豪，等等，同时还有十分重要的一点就是促进情绪的意义培养，帮助别人、挑战自我、实现自己价值所产生的情绪比只是单纯获得快乐情绪持续更久，这样可以促进个体的意义实现，并且这种情绪对于抑郁症患者来说更加不容易习惯化。根据这一点可知，积极地帮助他人、参加慈善捐赠、时常表达自己的感激等行动，都可以增加我们的积极情绪。

告别拖延症

"我有十分严重的拖延症，我不像其他同学那样，总是能够在老师要求的时间内完成自己的任务，很多时候都是截止日期前一天，才把该做的作业做完，而不是提前做好，所以这就导致我的作业质量不如别人好，而且总是会受到老师的批评，为此我很烦恼。我想要找到一些可以改变自己拖延的方法，当我搜索如何缓解自己的拖延，得到的答案大多是你要有自控力，你需要每天设定一个目标，然后每天完成它，等等。如果真的这么容易就能改变自己的拖延，我觉得应该就不需要《自控力》这本书了，我想起我大学寝室里面几乎人人都有这样一本书，但是从来都没人认真地看过。

"要不就死马当作活马医吧，我心里面这样想道。于是按照网上的指示，我给自己设定了目标，遗憾的是，依旧没有什么用，和我的书一样它就是一个摆设。每次我想要去完成我的任务，但是不想做的时候，我就跟自己说，'明天做也没关系的，我今天应该好好休息一下，不如看一会儿电视吧'，然后当天的任务就会推到第二天、第三天……直到某一天突然发现自己要交作业了，于是我又会开始懊悔。我为什么总是拖拖拉拉，我是个废人，心里面又开始想，要是我怎样怎样就好了，就这样一直恶性循环下去……"

拖延是一种病

我们总是决定明天再开始做一些改变，比如，吃过这一顿之后，从明天开始我就要减肥了，然后一周过去了，连健身房都没有去过一次；我们总是想在工作之前先玩 5 分钟，然后 3 个小时就过去了。时间总是会在不经意间悄悄地溜走，我们就要为自己的拖延买单。为了改变拖延，我们给自己做了一个阶梯式的计划，分为三级，直到最后的截止日期，随着时间过去，第一级最简单、轻松的任务没有完成，然后就堆到第二级，再堆到第三级，慢慢就到了截止日期。我们心想："这下完蛋了，我的论文一个字都没有动过，我也许都没有办法毕业"（这是很多大学生的常态）。我们的计划总是形同虚设。跟一些不会拖延的人相比，为什么拖延的人偏偏是这样？我们的大脑究竟在想什么呢？

我们的大脑是十分复杂的，不同的区域都有着不同的功能以及作用。事实上，在我们拖延的时候，我们大脑的不同区域在相互争夺，就像辩论赛一样。

前额皮质是我们大脑中发展得比较高级的一个区域，当它工作的时候，说明我们可能在做比较正确以及比较理智的事情，我们就暂且将它叫作"理性决策人"。但是还有另外一个区域，也在悄悄地发生着一些变化，边缘系统是我们大脑中比较原始的一部分，跟我们先天的本能有关，我们把它叫作"爱及时享乐的猴子"。

每当我们拖延的时候，我们大脑中会有两个不一样的"我"，一个是理性决策人，他告诉你此刻应该工作，放下你的手机，现在是最完美的工作时间，他知道对于我们来说什么是正确的，怎样做才是理性的。但是对于有拖延症的人来说，理性决策人总是不能战胜他们脑中的猴子。因为从人类的祖先开始，就知道追求快乐，于是猴子会在你有这样的需求的时候出现，追求本能的满足和快乐是我们的一种原始需求，猴子总是能够战胜理性决策人。

当我们的理性决策人决定要做一些什么的时候，猴子就会出现，然后告诉你："现在还很早，不如我们来看一下最近微博有什么有趣的新闻吧！"于是几个小时过去了。理性决策人当然也觉察到这一点，但是面对"猴子"，他总是妥协。直到临近截止日期的时候，我们的大脑中的杏仁核才会开始发生作用，杏仁核能够产生一种恐惧的体验，很像我们祖先遇到天敌的时候所产生的恐惧，也很像我们上课传纸条的时候老师走过来所产生的恐惧，我们暂且把杏仁核叫作"惊恐怪"。所以当我们看到截止日期的时候，"惊恐怪"就会告诉我们，"不能再这样下去了，必须现在开始工作，否则你将会受到惩罚。"

所以，虽然我们总是拖延，但大多数人还是能在截止日期之前将工作做完的，这就是拖延症大脑里面所发生的事情。

事实上，拖延又分为两种，一种是有截止日期的拖延，另一种是没有截止日期的拖延。"惊恐怪"只会在截止日期前出现，因此没有截止日期的拖延才是最可怕的，因为总会有"猴子"在从中作梗，而"惊恐怪"是"猴子"最害怕的东西。

举个简单的例子，不知道大家是否有过这样的体验，本来你打算今天给许久不联系的朋友打一个电话，但不知道是什么原因，你今天没打，于是你告诉自己明天再打，结果就再也没有打过电话，于是你和朋友的感情也越来越疏远。因此，忘记维系感情也是一种没有截止日期的拖延，没有截止日期的拖延才是最可怕的拖延。

为什么大家总是觉得自己因为拖延而过得不好呢？为什么我们总是后悔、感叹自己以前不够努力呢？也许正是因为我们没有将拖延看作一个十分严重的问题，或者是没有找到一种可以解决拖延症的办法。

我们究竟该拿拖延症怎么办

第一，从现在开始就制作你的生命日历。这是一个只为自己制作的日历，可以以 80 岁为最后的期限，一个方框就代表一周，截止到 80 岁那天，算一算一共有多少周，可以拿一张纸将它画出来，然后贴在自己每天可以看到的地方。同时还要给自己制作一条目标曲线，目标曲线简单来说，是我们对未来的规划。以 10 年或者 5 年为单位，以我们此刻的年龄为起点，比如你现在 20 岁，将来 30 岁的时候，你想要成为什么样的人；40 岁、50 岁、60 岁、70 岁、80 岁的时候又是怎样的，写上自己想要达到的目标。为了避免自己还是拖延，你需要一个见证人，这个见证人一定是你身边随时可以监督你的人，必要的时候，还需要给自己设置一些惩罚。通过这样的方式，也许可以阻止"猴子"的捣蛋。

第二，强加限制，减少选择。"想要克服拖延症，就得放弃选择的自由"一位作家曾这样说。雨果是一位伟大的作家，在他写作的时候，他会赤身裸体，还会让管家把他的衣服都藏起来，这样他在写作的时候就无法外出了。而现在是一个信息时代，我们每天都可以从手机上获得海量信息，但也正是手机给我们提供了随时都可以拖延的可能性。因为我们每天都会使用它，拖延就成为一件唾手可得的事情。所以，让自己学习、工作时处于一个安静的、简单的环境，保证自己不被一些杂事分心。如果可以的话，使自己远离网络，远离手机，也是一个克服拖延的好办法，当然这仅仅是从外部环境去改变自己的拖延而已。

第三，巧用想象的作用。想象有十分强大的作用，当我们难以自律的时候，当我们总是拖延的时候，我们可以适当地使用想象。想象可以让我们预见自己的未来，增强学习或者工作的动力。当我们拖延的时候，可以想象自己不按时完成任务会受到什么样的惩罚，以及如果及时完成了之后又会得到什么样的奖励，两种场景形成对比，就会引发我们的焦虑，为了消除这样的焦虑，我们就会做出改变。同时，想象还有替代的作用，当我们看一部甜甜的恋爱剧的时候，女孩通常会把自己想象成女主，可以满足我们在现实生活中无法得到满足的需求。既然通过想象的方式可以使自己得到满足，不妨想象如果自己不拖延了，很多事情就都会更加有效率地完成，我们就不会因为拖延而烦恼。

第四，让做事情成为一种习惯。拖延的对立面是一种习惯，一旦一件事形成了习惯，我们不去做的话就会焦虑，所以改变拖延的办法可以是让做这件事成为自己的习惯。但是要记住的是，要先借助一些外力来使这件事成为习惯，然后将这种外部力量内化为自己的兴趣，从中找到做这件事的乐趣。就像学习一样，刚开始是老师逼我们学习，但是一旦我们通过学习能够解答之前无法解答的难题，并且取得了好成绩，我们就会感受到学习的快乐，此后不需要老师的监督我们也可以自己主动学习，并且让学习成了一种习惯。但要形成这样的习惯思维，有一个很重要的前提，就是我们要学会如何开始。要先从最简单的事情开始，不管你用什么样的方式，先做一些简单的事情，养成习惯，再一步步战胜自己的拖延。就像跑步前的热身一样，一旦热身之后，我们就会坚持继续跑步。

第五，借助网络科技的力量。我们是处于网络时代的人，所以要学会借助网络的力量，网上有一些防止拖延的 APP 还是很好用的，比如番茄钟 FORSET APP，就可以在某种程度上减少我们玩手机的时间。

第四章

情感的重建

　　从过去到现在，有很多艺术作品都会描述这样一种感情，这种感情是人类众多情感中最令人捉摸不透的，它就像一个万花筒，使你眼花缭乱。其中有青涩的初恋、美好的暗恋、甜甜的热恋、痛苦的失恋等。爱情很神奇，能使两个互不相识的人彼此建立联系。那么爱是什么？"爱是恒久忍耐，又有恩慈；爱是不嫉妒，爱是不自夸，不张狂，不做害羞的事，不求自己的益处，不轻易发怒，不计算人的恶，不喜欢不义，只喜欢真理；凡事包容，凡事相信，凡事盼望，凡事忍耐；爱是永不止息。"

初恋这件小事

　　"我16岁的时候，喜欢上了一个男生，他大概有1.88米，长得阳光帅气，笑起来有时候有点傻，学习成绩很好，总是我们班上的第一名。他是我们学校篮球队的，每次他打篮球的时候，我都会跑到操场上为他加油。但是他永远不知道有这样一个人在暗恋他，喜欢他的女生很多，而我只是一个既普通又平凡的女生，一个长相不出众、扎着马尾的、穿着很多人都会穿的校服的女生。

　　"直到有一天，我看到自己喜欢的男生和别的女孩在一起了，他们从我身边走过，那个女孩和他一样阳光，笑起来像太阳，我知道自己比不上她，永远也比不上。但是我为什么还是如此的难过呢？我回到宿舍，抱着我的被子，脑子里面全是他的影子，我拼命摇头，怎么都摆脱不了这个画面。我也试图冲冷水澡，让自己清醒，结果就是我感冒了，发高烧了，我室友回来看到躺在浴室的我，急忙把我送到了医务室。只有发高烧那段时间，我的脑子里面才没有他。

"在此之后，很长一段时间我都没能走出来。音乐是一种很好的治疗方法，那时候的我喜欢不断地用听歌来宣泄，听那些别人的故事，看着歌曲下面的评论，我看到了很多和我一样的人，一下子觉得自己不再是孤单一个人。本来觉得自己受到了很多伤害，但其实不是的，只是我自己扩大了这样的伤害而已。此后，那首歌给了我很大的力量，也许这就是创作者的伟大吧，不仅仅是讲述别人的故事，同时也通过写故事将力量传递给需要的人。"

失恋也没什么大不了的

在我们的一生中，一定会有一个自己很喜欢的，但是又没得到的人或者事物吧。对于这样的人或事物，每个人都是有自己不同的做法的，一些人有着自己的执念，这种执念的表现就是，对于未得到的事物，一定要得到，这是一种外在的表现，是一种得到某种东西的外显行为。同时，还有一种内隐的行为，内隐就是一种明明已经习得的观念、行为，但是这种习得不为意识所发现，当出现线索的时候，又会暴露出这种无意识，将其表现出来。

所以，一些人就将自己受到的伤害埋在了心中，将其内化，然后自己就会在其他方面寻找一种替代性的得到，但是有可能这样替代的方向是错误的。而这样的情况不仅仅局限于初恋，小到一个平常的奖励，大到恋爱这件事，都会有不同的表现和行为，每个人处理的方式也不尽相同。那些认为现在得不到，一定要想尽办法得到的做法其实是不对的，还有那些一点努力都不做就放弃的做法也是不对的，当人们的行为伴随着类似的想法时，就会发生很多问题，同时也会给自己设置障碍。其实，失恋并没有什么大不了的。

要怎么去学会放下

对于一些我们无法得到的事物，我们可以尝试延迟满足和森田疗法。在这里给大家科普一下，在心理学领域有一些著名的实验，其中一个实验叫作"棉花糖实验"，整个实验的过程是这样的：在这个实验中，小孩子可以选择奖励（只有棉花糖）；也可以选择等待一段时间，直到实验者返回房间（通常是 15 分钟），然后得到两个奖励（棉花糖是实验者回来再次奖励他的）。实验结果证明，选择等待之后得到两个奖励的孩子，成年后在事业上比选择一个奖励的孩子表现更优秀，在成就测验中得分也高于他们。我们把这个实验结论叫作"延迟满足"。

所以，学会"延迟满足"对于他们来说才是最大的收获。同样对待爱情也是如此，我们总是想要偷吃禁果，但最后往往会受伤，因为我们还没有能力去承受偷吃禁果带来的后果。所以不要着眼于眼前的诱惑和满足，任何时候都要做长远打算。有时候，学会等待反倒会给我们带来额外的收获。

森田疗法指的是什么呢？其实质就是一种思维，"顺其自然、为所当为"是森田疗法的指导原则，其精髓就在于把一切烦恼当作人的一种自然的感情，顺其自然地接受它，不当作异物一样去排除它，否则就会因求而不得引发思想矛盾，产生内心世界的冲突。所以，简单来讲就是顺其自然地接受，这没什么大不了的，学会接受了，才能学会放下。

我总感觉他不爱我

在我读大学期间，其中一个室友隔三岔五就会和自己的男朋友吵架，吵架的原因永远只有一个——"我觉得你不爱我了"。但是最让人烦恼的就是，室友每次哭着回到寝室，告诉大家她要分手了，大家的第一反应就是安慰她，然而大家的安慰对于她来讲并不重要，因为大概过了半小时他们就和好了，然后室友就会十分开心地和大家聊天，完全判若两人。大家都会认为她们刚刚简直在说废话，当时甚至可能会做一个决定，"我以后再也不要安慰这样的人了"，他们每次吵架吵得很严重，实际上从来就没真的分开过。

但是，就是会有这样的女生存在，而且为数还不少。她们经常说的就是："我觉得他一点都不爱我，一点都不关心我，他以前不是这样的，以前他会每天跟我说'晚安'，但是现在不说了""他居然让我等他这么久，他为什么只知道打游戏，为什么他都不陪我？""他出去和自己的朋友玩都不带我"……在这样的内心活动下，女生往往不会直接表现得不开心，但是又很想让男生察觉到她不开心，要是男生察觉不到的话，女生或许会进一步做出一些举动吸引男生的注意，但男生可能依旧十分迟钝。看到男生迟钝的样子，女生就会生气，生气就会争吵，争吵之后有一半的可能性就是升级到分手，分手就意味着一段关系的破裂，当然在这期间沟通也很重要。但是我们要说的不是关于"分手不分手"的问题，而是要讨论"他不爱我"这样的观念是否正确的问题。

这样的观念是正确的吗

怎样才是爱一个人的表现呢？如果问一个这样的问题，很多女孩子可能会说出一系列的答案。比如他愿意为你买礼物，花时间关心你；当你难过的时候，他会关注你的心情；当你说想他的时候，他会立马给你打电话；你发消息的时候，他会回复你……是的，这些也许都是我们所说的爱的表现，但是一个人多多少少都会有一些不合理的观念，从认知疗法角度来看，人们之所以有烦恼，是因为我们的不合理信念，所以才会导致我们产生负面的情绪。

举个简单的例子，有一些来访者，总是会跟我倾诉，他有一个小时没回我消息了，他为什么对我这么冷淡？他是不是跟其他女生在聊天？他是不是不爱我了……因为有这样的不合理观念，所以导致来访者处于一种十分焦虑的情绪中，一直在诉说着同一件事，仿佛这样一直说，让她觉得可以缓解焦虑。但是她这样的模式又给别人造成了困扰，影响了别人的生活，自己的男友也被自己逼得不回复信息，而且要跟她分手，于是她来求助我。

其实，她出现这样的状况就在于自己的一些不合理观念，犯了以偏概全的错误，男友不回复信息这样的事件并不能推出"他不爱自己"的结论，这是错误的逻辑。同样的不合理观念类型还包括糟糕至极以及过度夸张，这三种是常见的不合理观念。糟糕至极，举个简单的例子，当我做某件事没有成功，就认为我是一个失败者，我注定一辈子都是一个失败者，我的人生已经完了。虽然这个例子有点夸张，但总的来说，这些不合理的观念伴随着我们的生活，对我们的生活造成了消极的影响。

如何纠正自己的不合理观念呢

第一，你需要列一张表。这张表里面有三个需要填的项目，第一个是事件，我们将它称为 A；第二个是观念，我们称之为 B；第三个是结果，我们称之为 C。在一张 A4 纸上列出来，把有关事件都列出来，一个一个地呈现在纸上。比如你的男朋友一天不回复你信息，然后你就觉得他肯定是和别的女人在一起，于是你感到非常生气和难过，你可以在纸上写出来，事件是 A，男朋友一天不理我；结果是 C，我很生气；观念是 B，我认为他不回我消息就是不想回我，就是和别人在一起。

第二，对于这样的不合理观念，找出可以替代的观念。比如，对于"我是一个失败者"这样的不合理观念，可以找到的证据是，我有没有什么是做得比较成功的？我虽然这件事做得不好，但是我炒菜还是蛮好吃的。通过这样的整理，找到可以替代不合理观念的其他观念，慢慢纠正不合理观念，排除自己的负面情绪。

我的女友是"金刚芭比"

女："从小我就告诉自己，我要成长为一个独立的人。我不需要太依赖我的父母，因为我已经长大了，所以我不能向他们伸手要钱。我对他们从来都是报喜不报忧，因为我不想让他们担心我，我可以自己一个人做饭，一个人找房子、租房子，一个人学习。因为我太独立、太关注自己的事情了，所以我的男朋友总是觉得他没有存在感，他也很想让我依靠他，但是我总是说，'没关系，我可以自己处理好自己的事情'。慢慢地，他就在我身上找不到恋爱的感觉了，'你能不能不要这么金刚芭比啊？为什么你就不能依靠我呢？我究竟是不是你的男朋友？'那段时间我们总是在争吵，吵个不停，于是他就不理我了。其实我知道自己这样不好，但是让我改变又很难……"

男："真正的恋爱是怎样的呢？我觉得我的女朋友跟我总是有距离感，她看起来很高冷，她看见我从来都不会笑。我感觉我从未亲近过她，我们之间更像是朋友，而不是恋人。"

什么样的关系叫作"亲密关系"

通过调查研究，心理学家发现很多人单身的一个重要原因就是，他们没有能力发展亲密关系。亲密关系指的是两个人彼此能够影响对方并相互依赖的时候，他们之间就存在一种亲密关系。一段亲密关系的发展要经历"两人从没有接触—认识—表面接触—共同关系"，是两人依赖度不断增加的过程。一段亲密关系必然是伴随着长时间的频繁互动、在不同活动和事件上共享自己的兴趣，以及两人的相互影响而产生的。在亲密关系中，是不分你我的，我们不会像对待陌生人或者工作伙伴那样，划分得十分清楚。同时，在亲密关系中，我们对于收益与付出并不在意，我们关心的不是对方能为我们提供什么，而是我们能为对方提供什么。

一个人能够在一段关系中自我暴露十分重要。自我暴露是指个体把有关自己个人的信息告诉他人，与他们共享自己内心感受的过程。比如告诉别人我的家庭是怎样的，我的过去，等等。在与人交往的过程中，我们是不断进行渗透的。简单来说，当我们和一个人交往的时候，也许刚开始彼此在谈论天气，一旦得到回应，我们的话题也许就会由浅入深，在这样的过程中，我们的亲密关系层次就增加了。但是值得注意的是，如果这种自我暴露是不对等的，则无法发展为亲密关系，比如一个人过早地说了很多自己的事情，这会使得另一个人退缩；如果另一个人对于自己的事情闭口不谈，也会造成障碍。

因此，在关于爱情的研究中有这样的实验，两个互不相识的人，互相问对方 36 个问题，并且双眼凝视对方，36 个问题由浅入深，不断增加私人化程度，了解对方更多的信息，从而增加两人的亲密度。实验结束后，参与者相互发展为恋人或者朋友的不在少数。

怎样才能维持亲密关系呢

第一，保持平等的关系。不管是友情还是爱情，平等是维持亲密关系的基础。在情侣中我们经常听到这样的抱怨，"我付出的得不到回报，我感觉总是我付出得多，但是他却没有怎么为我付出过"。当你认为自己的付出和收益不对等的时候，亲密关系就容易出现裂痕。在婚姻中，如果一个人很懒，什么都不做，另一个人忙完工作回到家还要收拾家务，这种关系就很容易出现问题。

第二，正确地归因。我们的认知对于我们的行为有很大的影响，也就是说我们怎么去解释对方的行为是非常重要的。如果想要维持亲密关系，将对方良好的品质归因为个人内部因素，将对方不好的行为归因于外部因素，是一个不错的选择。

第三，学会良好沟通。沟通不管在任何关系中，都是十分必要的。婚姻失败或者是失恋的原因有很多，但是最重要的还是沟通的问题，有些人不愿沟通，有些人沟通不良，有些人不会沟通，等等。但是沟通技巧是可以学习的，在和对方沟通的过程中，我们要学会倾听别人的观点，同时也要说出自己的观点，而不是一味地忽视别人所说的，只顾自己的感受，当沟通同频的时候，就是关系进一步提升的时候。如果双方都十分爱面子造成沟通不良的话，试着找一个中间人作为桥梁，传达你们的想法，也是一种不错的选择。不过这个中间人最好是双方都信任的人，并且能够站在客观角度看待你们之间问题的人。

第四，学会偶尔嫉妒。"嫉妒"这个词看起来不是一个正向的词汇，比如别人有了一个很好的东西，我嫉妒他。但是实际上，嫉妒的使用范围很广，在亲密关系中，嫉妒表达的是一种对于对方的依赖性，因为你很依赖对方，所以不希望有其他人来破坏你们之间的关系，从而引发嫉妒。用通俗的话来讲就是"吃醋"。

很多处于恋爱中的男女都会故意炫耀自己以前的情人或者是故意和别人有一点点亲密的举动，通过这样的方式引发对方的嫉妒，从而使两人的关系更加亲密。但是这里要注意的就是掌握适度的原则，如果嫉妒累积起来，有时候后果会很可怕。

和"妈宝男"谈恋爱

不知什么时候，一些男性开始被冠以"妈宝男"这个称呼，我着实奇怪，想具体研究。说来也巧，正好就被我遇到了这样一个人。我们是在酒吧认识的，他喝了很多酒，兴许是借着酒劲，他便和我聊了起来。他是这样跟我说的：

"姐妹儿，我跟你说大实话啊，大家都叫我'妈宝男'，我真的蛮讨厌这个称呼的，其实什么是'妈宝男'我也不清楚。我觉得自己并没有错啊，我今年25岁了，有一个谈了10年的女朋友，从初中时我们俩就在一起了。我家里有点钱，父亲是开厂的，母亲是会计，我父母都喜欢钱，但他们离婚了，我爸还找小三，我跟我妈一起生活。他们都希望我以后可以找一个强势一点的女孩子，因为我生性软弱，所以他们希望我的老婆可以强势一点。从小我的路就是我爸给我铺好的，从小学、初中、高中到大学都是我爸给我选好的，包括我的专业、我的工作。我也不知道要做什么，所以我就到了家里的工厂上班，无忧无虑，我很喜欢这样的生活。哦！对了，我家还有一座杨梅山，我上班的时候还可以溜去杨梅山，摘点杨梅……

"从小我就听我妈的话，我妈说什么就是什么，只要我在老家，我每天都会回家，因为我妈在等我，但我的女朋友总是说我，'什么都听妈妈的话，你已经是一个成年人了'。但是一个好儿子不就是要听妈妈的话吗？我并不觉得这样不好啊？人真是奇怪得很。我妈都是为我好啊……渐渐地，我到了结婚的年龄，我妈开始操心我的婚姻大事，我跟我妈说我有一个交往了10年的女朋友，我把她带去见我妈。我以为我妈会喜欢她，但实际上并不是这样，不仅仅是我妈，我家里所有的人都不喜欢她。我不知道该怎么办，我应该怎么做呢？我妈说的也都有道理，家里人都不同意我和她在一起，一边是交往了10年的女友，她还怀了我的孩子；一边是家庭，我真的很迷茫，不知道该怎么办才好……"

我为什么不能不听我妈的话

从精神分析的角度来看，我们可以把这种现象叫作"恋母情结"，恋母情结是孩子在3～6岁的时候，也就是性器期这个阶段会产生的心理。一个人如果在这段时期过渡得好，那么在成年之后就不会体现出来；如果过渡得不好，这种情结会一直持续到成年之后，以至于对自己的恋爱和婚姻产生影响。我们把这个问题称为"退行"，具体来讲就是，3岁的时候，孩子是妈妈的宝贝，一旦孩子做好了一件事，妈妈就会特别高兴，还会夸奖孩子。3岁的时候这样很正常，但是30岁还这样，那就不正常了，所以我们说这是"退行"。

"我妈不同意，我妈不喜欢"，这是"妈宝男"经常会说的一句话，从心理学的角度来看，他们会认为他和妈妈是一体的，所以才会非常听妈妈的话。表面上他们好像很听妈妈的话，但其实他们是十分恨自己妈妈的，以至于他们会对女性产生厌烦感，从"妈宝男"的恋人或者妻子身上就可以体现出来。

因为这么多年被妈妈过分控制、入侵，跟妈妈粘连太多，所以他们对女性整体反感。严重的"妈宝男"会"杀死"自己的妈妈。从心理学角度来讲，这都是想象层面的、潜意识层面的，不是指行为。实际上，所有孩子都需要在 3 岁之前，把妈妈给"杀掉"。当然，这是心理上的，也就是说，他要离开妈妈，他要从母婴关系里脱离出来，而且在这个脱离期，他还需要父亲的帮助才能实现。

"妈宝男"的核心就是，他们对妈妈很内疚。为什么内疚呢？因为他心里对妈妈是恨，已经无数次想把妈妈"杀掉"，所以通常情况下，他们对妈妈的爱其实是对妈妈的恨的一种防御。

如果你要跟"妈宝男"结婚的话，怎么办

第一，给你未来的伴侣评分。满分 10 分（典型"妈宝男"10分），如果是 9 分以上，建议不要和这样的男生结婚，否则你会遭受巨大的痛苦；如果没达到这种程度，也要做好足够的心理准备。

第二，作为妻子的你，需要成为一名"心理咨询师"。也就是说，你要站在他的角度去思考，你需要像一个心理咨询师一样，帮助他了解自己对妈妈的感情是什么，帮助他梳理自己的原生家庭，是不是爸爸在孩子脱离母婴关系的时候，角色缺失了？例如上面那个案例，案主的父亲从小就和母亲离婚了，他是母亲抚养

长大的，所以父亲的角色是缺位的。

第三，选择和"妈宝男"结婚，就需要自己学会独立成长，学会自己提升自己。通过自己的独立，给老公做榜样，让他知道"妈妈没教你长大，但是作为妻子的我是可以帮你长大的"。

婚姻问题的提前预防

一个匆匆走入婚姻的人这样说："当我得知我已经怀了他的宝宝的时候，我不知道是应该高兴还是应该无奈，'未婚先孕'这个词怎么说也不好听，这个宝宝对于我们来说就是一个意外，有了他，我要考虑的事情开始多了起来，我本来规划好的人生节奏将会被打乱，是要前途还是孩子？我需要做出选择。我本来想要打掉他，心想：反正那么多人都堕胎了，无所谓的，我只不过是和很多人一样而已。

"但是当我来到医院的时候，医生告诉我：'如果你打胎的话，对你的身体十分不好，你可能还会留下很多妇科病，可能以后都无法怀孕了。'我犹豫了，特别是看到显示屏上那个小小的生命就在我肚子里的时候，我做了一个决定，我要把他生下来。这个决定就意味着我即将和一个男人步入婚姻，明明我才 23 岁，一切都发生得太快。所以在结婚之前，甚至是在婚礼之前，我们总是在争吵，看起来我们都还小，都不知道结婚对于我们来说意味着什么……"

140

婚姻是爱情的坟墓吗

斯腾伯格在他的爱情三元理论中谈到，我们的爱情包含了三个十分重要的因素：激情、承诺、亲密。什么是激情？我们可以简单地认为两个人之间做过浪漫的事情，见不到对方的时候就会很想见到对方，同时也伴随对彼此的性唤起，想要同对方发生关系的一种性冲动，有点像刚开始恋爱的阶段，荷尔蒙的分泌可以让两个人在一起的时候产生一种激情体验。

而承诺指的是我们对对方所做出的保证，答应对方的事情、彼此之间的约定等。一般在两个人长时间接触之后，会出现承诺行为，包括决心以后永远爱对方的决定，也包括在这段关系中今后要承担的义务。

亲密的含义则稍微广泛些，亲密可以指朋友之间、家人之间。所以从这个角度理解，就是两人之间亲密无间，一般来说从好朋友发展而来的恋爱关系，亲密成分所占的比重较多，这是一种使人感受到温暖的成分。

根据三个成分所占的比例不同，我们可以划分出 7 种不同的恋爱关系：

只有激情的爱，可以理解为是一种迷恋，比如少男少女的恋爱。

只有亲密的爱，是一种喜欢，比如我们的友谊。

只有承诺的爱，是一种空洞的爱，比如古代的媒妁之言。

有激情和亲密的爱，是浪漫的爱，双方在一起是因为身体和情感上的吸引，不用做出任何的承诺。

有亲密和承诺的爱，是伴侣的爱，比如结婚多年的父母，我们眼中令人羡慕的即使老了也十分亲密的恩爱夫妻，这种类型更加注重细水长流。

有激情和承诺的爱，是愚昧的爱。这种爱通常为短暂的相识之后，两人很快就发生性关系，没有亲密的成分存在。在激情的作用下，做出一些不可实现的承诺，随着激情的消失，感情就迅速消失了。这是目前很多年轻人的恋爱中会出现的现象，随着两人相处的时间增加，激情退去，就会觉得对方前后反差很大，两人就可能产生一些矛盾。由于无法认识到核心问题所在，甚至会导致关系破裂，给彼此造成痛苦。

最后就是三个成分都具备的爱，这是完美的爱，很少有人达到这样的境界。

我们应该做些什么

在某种程度上，成年早期在人的一生中起定位作用并决定着个体终身发展的方向。这个时期的我们比任何时候的我们要做的事情都多，完成对自我的认识、三观的形成、恋爱、结婚到生孩子、选择一份自己满意的职业，都发生在这一时期。

第一，根据爱情三元理论，找到自己的问题所在。明确自己的恋爱属于什么类型的恋爱，花一段时间反思自己与恋人的关系，将两人之间的问题列出来，先明确问题再对症下药。

第二，晚点结婚。为什么我们国家提倡晚婚，不知道大家是否想过这个问题？这要从一个人的发展阶段来讲，我们调查了很多在 25 岁之前结婚，但是后来又离婚的对象，大致得到了这样的答案："那时候和现在想的不一样，我们都变了，变得不一样了，为了避免双方痛苦，所以我们选择了离婚。"离婚被列为十大负性生活事件之一。不过离婚的前提是结婚，现在找对象也不是一件容易的事，否则就不会有这么多单身人士了。

25岁之前，人的智力和思维都在发展，因此在此期间，我们的想法可能随时都会发生变化。但是研究表明，我们30岁时的想法和50岁时的想法没有太大的不同，因此，晚婚的人比早婚的人离婚率更低。在25～30岁这个期间，做出结婚的决定，是最佳的选择。不知道大家身边是否有这样的例子：你的初中或者是高中同学早早结婚了，可能他们的孩子都打酱油了，而你还在读书。这样的例子数不胜数，但同时也伴随着很高的离婚风险。

第三，双方之间应当共享权利。共享权利的意思就是双方要共同做出决策，共同决定彼此之间的大事，比如买车、买房、未来的发展和规划。如果仅仅是为了不伤害对方，而选择隐瞒的话，这样总是会出现矛盾的。情商高的男士，都会尊重他们的伴侣，而不是独断独行。

第四，问自己两个问题。第一个问题是，你是否相信你的伴侣是一个说到做到的人，他（她）是否信守他（她）的承诺？第二个问题就是，你的伴侣是否能给你支持，也就是说在你遭受挫折、失意的时候，他（她）能否给你相应的支持，能否给你安慰？如果你可以肯定地回答这两个问题，说明你们的关系是健康的；如果你回答不了这样的问题，或许你应该好好思考一下这段关系对于你究竟意味着什么。

第五，对婚前性行为给予宽容。对千禧一代的研究显示，超过 90% 的人都有过婚前性行为。我们调查了很多大学生，他们对婚前性行为并不排斥。无疑，性生活对于恋爱和婚姻都是十分重要的，和谐的性生活对于圆满的婚姻具有重要的作用，家庭矛盾中有很大一部分与性生活不和谐有关。因此，在婚前的时候，选择适合的性伴侣，彼此达成一种和谐，对于婚姻是非常重要的。当然，做好安全措施也十分重要，不管是女性还是男性都要学会保护自己。因为众所周知，堕胎对于女性的伤害很大。同时，不是说支持婚前性行为就表示可以滥交，滥交也面临着感染疾病的风险，希望读者们不要误解笔者的本意。

向家暴说"不"

不管是在网络上，还是在生活中，我们总是能够看到这样的例子：某某人被家暴，某某人有家暴的倾向。家暴不仅仅对受害者造成伤害，同时也是在伤害一个家庭，更有甚者，它就像蝴蝶效应，在家暴家庭中长大的男孩子，他未来的妻子、孩子也可能遭受家暴。我曾经听过这样一个故事：

"我是一个被家暴过的女人，我从来没有想到我自己会有被家暴的一天，也不知道家暴有多恐怖，它就这样到来了。刚开始的时候，我和他十分甜蜜，他幽默、风趣、有主见，虽然有些大男子主义，但是这并不影响我们之间的感情。他十分关心我，不管是我们在一起之后，还是没在一起的时候，他对我依然如初。我认为他是一个很好的男人，渐渐地，我有了和他结婚的想法。

"他告诉我他的童年很不幸，我很心疼他，我想要给他我的爱。于是在他跟我求婚的时候我就答应了他。很快，我们步入了婚姻的殿堂。第一次发生暴力行为，是在我们筹备婚礼的时候，婚礼的筹备需要准备的东西很多，在准备期间，我忙上忙下，但他却是一副撒手不管的样子。那时候，我只是抱怨了几句，他二话不说，直接过来扇了我两个耳光，我那时候都蒙了，我冲了出去，不想跟他说话。他见我冲了出去，马上跑来跟我认错，他抱着我，态度十分诚恳地说：'我错了，对不起，亲爱的，我不是故意的，请你原谅我。'

"看他都这样了，我便选择了原谅，但是我不知道的是，从那个时候起，我就掉进了他早就布置好的陷阱之中。之后，我们结婚了，可是噩梦才刚刚开始。结婚之后，我挨打的次数越来越多，情况也越来越重，记得有一次，我旅游完回来，给儿子和女儿带了一点衣服，我老公直接把衣服烧了，把儿子和女儿关在家，房间里到处都是灰。

"我看到这一幕，就说了他几句，然后家暴就开始了，他不仅将我踢倒在地上，还把想要制止他的儿子也踢飞，女儿在一旁哭，然后他又开始扯我的头发，想让我跟他认错，我就像一个玩偶……这么做他还不够，他还把家里的玻璃打碎，屋子里面到处都是血和玻璃碴，然后我就报警了，这是我印象最深刻的一次……"

我们是怎样一步步走进心理陷阱的

第一步，引诱和迷惑受害者。在恋爱的阶段，受害者会觉得这个男人很体贴，彼此之间很合拍，对方简直就是自己的完美伴侣。他或许会跟你说，他有过被家暴的经历，你开始心疼这样一个男人。你们之间没有任何问题，于是，你们步入婚姻殿堂。

第二步，孤立受害者。直到有一天，你的老公，也就是那个曾经如此爱你的人，开始控制你，命令你按照他的想法来做事。你也许并不想这样做，但是你认为为了自己的灵魂伴侣，你可以为他牺牲。但是实际上你不知道的是，你已经无法脱离他的控制了。这个阶段会出现第一次家暴，他们会以你的愤怒为理由，对你实施暴力。第一次家暴之后，他们往往会道歉，他们会承诺自己以后不会这样做了，但这仅仅是开始而已，有了第一次，就会有第二次、第三次……

第三步，施虐者会毫无顾忌，即便受害者离开他们，也可能会面临一个跟踪狂，受害者和孩子可能会失去经济支持，还会受到来自施虐者的恐吓。发展到最后，受害者甚至会选择与施暴者同归于尽。

当你遭遇家暴时，应该做些什么

第一，寻找社会支持系统。可以向你的家人、朋友和有关的机构求助，要敢于揭露自己被虐待的事实，寻求来自社会上的一切帮助。不要顾忌所谓的"家丑不可外扬"。

第二，敢于反抗。作为一名受虐者要学会打破沉默。只有打破沉默，才可以奋起反抗，借助法律的力量，维护自己的权利。

第三，作为家暴的受害者，不仅身体受到摧残，心理上也会蒙受创伤，你可以向专业人士求助。当然，最彻底的办法是脱离施暴者，只有这样，才能有更幸福的人生。

当婚姻走到了尽头

一个很困惑的母亲的来信这样说道：

最近这个想法越来越强烈，关于我要跟我老公离婚的想法，我甚至都觉得这段婚姻是一个笑话。我不知道为什么，十年了，我和我老公虽然每天都住在一起，但是我觉得我们的心离得很远。我和老公其实心里都明白，我们之间的关系就只是表面的夫妻关系而已，没有什么夫妻感情可言，因为我们一点感情基础都没有。

当时两人在一起的时候，只是觉得到该结婚的年龄了，而且彼此人品都可以，要不就结婚了吧，反正爸妈也催着我结婚，于是我俩就领证了。但是十年了，我还是不快乐。这十年，我们彼此的性格一点都没有改变，两个人性格还是不合。他很理性，我很感性，所以很多时候我都觉得他很冷漠，就像冷血的动物。

但是这么多年，我没跟他离婚是因为我们还有一对双胞胎女儿，每次一想到她们，我就会让自己忍下去。但凡事都是有限度的，我觉得我现在就到极限了，我想要和我老公离婚，但是我不知道该怎么跟我孩子说。

深思熟虑之后再做决定

离婚这件事真的想清楚了吗？问问你自己，是一时的冲动，还是自己深思熟虑的结果呢？对方真的就如你所说的那样吗？自己有没有放大问题、放大个人情绪呢？问问自己这些问题，先使自己冷静下来，然后腾出一些时间来厘清头绪，自己是不是踏入了惯性思维的怪圈，是不是存在不合理观念？这些认知是否正确呢？离了婚的后果呢？对孩子的影响呢？是不是非要离婚不可呢？有没有可以用不离婚的方式就能解决问题的方法呢？离婚不是儿戏，要经过深思熟虑。

如果上面的问题你都能回答，那就再问自己最后一个问题："离婚之后，你会后悔吗？"如果自己是问心无愧的，那就找一个合适的时间，和孩子坐下来谈谈自己的想法，不要把自己当作一个长辈，而是作为朋友跟孩子说一些心里话。当然，最好是在他们懂事的年龄这样做，因为如果在孩子太小的时候离婚，他们就会认为父母离婚是因为自己。这样是不利于孩子的健康发展的。

一些建议

结婚应该慎重，在选择未来伴侣的时候，希望每一个人都多了解身边的人。事实上，如果我们和一个人有结婚的打算的话，可以试着先和这个人同居生活，因为同居其实在某种程度上就是婚姻的缩影，同居也是可以看清楚你们两个人是否能够磨合到一起。如果同居1～2年都无法磨合，那就说明，你们两人可能并不是十分适合。这个时候，如果还是有结婚的打算，那就要好好查找问题的原因所在。

第五章

人际的重建

内
心
的
重
建

　　人类是群居动物，任何人都需要和另一些人建立连接，都需要和人打交道。同时，人是十分复杂的动物，每个人都有自己独立的思考，所以每个人又是不同的。人际关系也是非常复杂的，所以在人与人的交往和沟通之中，难免出现很多问题和冲突，能否有效解决这些问题，是我们保持良好人际关系的关键。

谁偷了我的手机

　　在一个班级里面，总是会有一些家境富裕的孩子和一些家境贫穷的孩子，这是一个很常见的现象。但是这样的贫富差距就会导致一些问题的出现，我们暂且把它叫作"问题"。我在初中的时候，班上有一个女生，是我们班里一群男生的攻击对象，他们总是取笑她，但是女生不敢还嘴，只能任凭他们取笑。不过，我知道她很讨厌他们。但那时的我和班里大多数人都是旁观者，因为在一个受害事件里面，都会有三种角色：加害者、被害者、旁观者。

　　后来，一般的嘲笑，因为一起偷窃事件升级为暴力了。

　　事情的起因是这样的，以前嘲笑过这个女生的男生在班上炫耀他老爸给他买了当时最新款的苹果手机，搞得班上沸沸扬扬的，全班都知道他有了新手机，很是神气了一番。但是好景不长，很快，这部手机就在大家上完体育课之后不翼而飞了，但没人知道

150

小偷是谁，他也不敢告诉老师。这个男孩非常生气又十分痛苦，正打算挨个搜别人的桌子的时候，不知道是谁说了一句，"我看到某某某上体育课的时候来过教室"，于是他们就将矛头对准了这个女孩，女孩的书桌、书包被翻了个遍，都没有找到。于是他们又看向女孩的身体，打算把她的衣服扒下来，看是不是藏在里面了，她拼命地挣扎，但是力气还是不如男生。这种行为很过分，但是没人帮忙，大家也不敢过去，否则就表示和那个女孩是一伙的，社会心理学中的"旁观者效应"出现了。最后，手机在女孩的校服内袋中找到了，男孩十分冲动，正想要用暴力解决问题的时候，老师进来阻止了。但事情并没有完，这个女孩被全校通报批评，她退学了。究竟是什么原因导致这个女孩做出偷窃行为的呢？

人为何要偷窃

偷窃的心理原因有很多种。其中最重要的一种就是物质需要，根据马斯洛的需求层次理论，人有五种需要，包括生理的需要、安全的需要、归属与爱的需要、尊重的需要、自我实现的需要。

生理的需要。这是指人们最基本的需求，比如我们要在这个世界上生存，就需要吃得饱，穿得暖，出门有车可以坐，可以繁衍后代。这是一个人生存的基本需要，也就是生理的需要。

安全的需要。随着人们基本的生理需要获得满足，人们开始渴望安全的环境，比如在经历战争之后，人们都渴望和平，为什么人需要房子？也是一个道理。房子能给人安全感，让人觉得环境是安全的，这都是安全的需要。

归属与爱的需要。我们在社会生活之中，是和其他人一起相处的，我们每天都要和各种各样的人打交道，人与人之间是需要建立连接的。为什么会有"家"？因为家可以给我们归属感，同时"爱"也是来源于家。高级动物需要爱，需要情感，需要一个归属。

尊重的需要。我们总是在说自尊心，一个人不管现实中有多么失败，都需要被别人认可，这种被别人认可的需要，就是尊重的需要。相反，一个人不被尊重，就会走向自我毁灭。

自我实现的需要。这种需要是一种高级需要，不是每个人都有这种需要，只有想发挥自己潜能的人，才会有这样的需要。有些人平平庸庸过一生，有些人则将自己的潜能发挥到极致。在每个人的人生道路上，自我实现的形式是不一样的，即使是带孩子的家庭主妇或者在工地上干粗活的人都会设法完善自己的能力，满足自我实现的需要。

偷窃是目前许多未成年人都会面临的一个问题，许多严重的偷窃罪就是从小时候的小偷小摸开始。每个人都知道这不是一个好习惯，有些人偷窃是因为自己最基本的生理需要没有得到满足，因为贫穷所以才选择去偷；有些人偷窃是因为攀比，所以选择去偷，这是自尊的需要；有些人偷窃则是单纯为了报复而已，比如这个女孩，我们可以具体分析一下她偷窃的原因。从需求满足角度来看，女孩的偷窃行为是为了满足她想要报复这个男生的心理需求，因为这个男生一直在嘲笑她所以她偷走他心爱的东西，她选择在体育课上拿走并不会被发现，还可以得到一部新手机，何乐而不为呢？

当孩子开始出现偷窃行为的时候，该怎么办

找到偷窃的根源。偷窃仅仅是一个表面现象，但我们可以从表面现象看到背后的许多因素，有时候我们看到的表面现象并不是真的，就像《我不是药神》里面的黄毛，刚开始大家以为他是一个抢药的，但其实他是为了救白血病患者。所以当孩子开始有偷窃行为的时候，我们就要询问他原因是什么，并不排除因为受到校园霸凌，所以他不得不选择偷窃来报复的情况。父母应记住，切不可不分青红皂白就惩罚孩子，因为这样只会让亲子之间出现隔阂，相互远离。根据马斯洛的需求层次理论，分析孩子目前处于哪种需要的缺失中，这样可以发现孩子目前面临的问题，也方便父母对症下药。

利用行为疗法改变不良习惯，塑造良好的习惯。根据斯金纳的操作条件反射的实验结论，行为的增多和减少分为四种方式，正强化、负强化、正惩罚、负惩罚。强化是指促使行为增加的因素。比如当孩子做了一件好事的时候，父母可以给他一个奖励，这种奖励可以提高孩子做好事的概率，我们把它叫作正强化，或者我们可以减少一个他厌恶的刺激来促进他行为的增加，比如写作业可以不做家务。而惩罚导致行为减少，比如当孩子做了一件坏事的时候，父母可以给他一个厌恶的惩罚或者是减少使他愉快的奖励，这两种方式都可以促进他行为的减少。

学会拒绝，不做讨好者

"18年来，我一直在认真地学习，顺着父母的意思，大学选择了一个热门的专业，本来他们想让我学法律的，但是因为我的成绩不够，所以就没有去市内比较好的政法大学，于是就选了一个企业管理的专业。尽管我的大学过得并不快乐，但是在大学毕业之后，我进入了一家很好的上市公司，那是别人梦寐以求都想去的大企业，父母对于我的职业开心极了。但是我同时也在想，我真的能够适应这样的生活吗？

"果不其然，在公司里我就是被排挤、被欺负的那一个，组长总是以他的标准和目标来衡量每一个人的价值，如果达不到该目标就会挨骂。我明明是一个从小有名气的学校出来的毕业生，但是总是让我做着不是我这个职位该做的苦力活，我觉得用'便利贴男孩'来形容我再合适不过了。有一次是这样的，小组一起吃饭，因为我是左撇子，所以和组长吃饭相撞了，组长很生气，就叫我滚开，我感觉我受到了极大的羞辱，但是我没有拒绝。

"我的母亲也不放过我。我跟母亲说过很多次，我不想在这个公司上班，十分压抑。母亲不但没有同意，反而第二天给我组长打电话，让我的组长多关照我，让我的组长理解我。更严重的是，母亲还跑到我的公司，当着员工的面，给他送东西，让他多照顾我。我看到组长的脸色，感觉丢脸极了，此后组长反倒变本加厉了，我很痛苦。

"回到家中，妻子也经常骂我，说我挣不到什么钱，送不了女儿去好学校，只能被嘲笑。我觉得我快喘不过气了，我觉得我很辛苦，我很累，我真想死了算了。只有自己写诗的时候才是真正的自己。"

为什么拒绝别人是一件很难的事情

关于这个问题，要从以下几个方面分析：

第一，认知因素。这类人会产生一些错误的认知，比如这个案例里面的主人公就认为一旦拒绝父母的要求，他们就会很失望，那我这个儿子就是不好的；如果我拒绝我的领导，我的领导就会不高兴，我可能会失去这份工作。

第二，早期经验的影响。一般来说，一个人早期的经验会对一个人的人格产生比较大的影响。如果一个人过去经常处于一种"你不能怎样""你不可以怎样"的压力下，这种在权威的环境中压抑就会导致当事人失去自主能力和创造性。于是，这个"不"就会在大脑中形成一种连接，一旦出现"不"，就会产生回避行为，这可能代表着害怕被拒绝的创伤。

第三，自尊因素。这类人害怕失去自己的面子，因为他们借助人的评价来肯定自己。比如，你帮助了别人，别人就会对你夸奖，说你是一个很愿意帮助别人的人，因为有了别人肯定的评价，可能你本来想拒绝他，但最后还是答应了他，所以他们注定不会拒绝别人。因为如果拒绝了别人，也代表着对自己的否定。但是在他们的内心深处，是想要拒绝别人的，只是他们没有足够的勇气，所以最后还是让自己做着本不该自己做的事。

第四，人格因素。不会拒绝别人的人很有可能会形成一种依赖型人格。依赖型人格的人通常是十分自卑的。案例中的主人公也十分依赖自己的父母，并且害怕做出决策，所以他一般会把自己的事情都跟父母讲，父母就会替他做决定。或许自己本身有想法，但因为害怕说出来会失去父母的爱，所以才选择沉默。与父母的分离焦虑导致他依赖自己的父母，同时也扼杀了发展自主能力的可能性，并形成一种恶性循环。慢慢地，他会开始认为自己什么都做不好，形成一种自卑情结。

我们应该怎么办

第一，改变自己的错误认知，如"只要拒绝，就会失去""如果拒绝，自己就是不好的"，这样的认知要加以改变，没有哪个人可以被所有的人喜欢，一个人也不可能是十全十美的。要学会在人际交往中维护自己的合理要求，不能一味地满足别人。要明白真正稳固的关系不会因为一次拒绝就破裂，如果真的如此，那说明这段关系于你而言，并不能长久。真正的关系是相互包容和理解的。

第二，学会和自己的创伤和解。每个人都是有创伤的，试着去面对这样的创伤，而不是选择逃避。学习把创伤转化为积极的力量，发现这样的创伤给自己带来了什么样的经验和教训，把它变成自己的内在力量。同时我们还可以给过去的自己取一个名字，与那个时候的自己进行冥想对话，达到治愈自己的目的。

第三，从最基本的行为开始改变。在心理治疗领域有一种行为疗法，叫作"系统脱敏"。它的主要原理是通过一点点的小进步慢慢积累，达到行为的改变。我们可以拿一张纸，从最容易拒绝别人的事到最不容易拒绝别人的事，按照这样的维度进行排列，然后从最容易的部分开始，一步步达到最高等级，每完成一次拒绝之后，给自己一个奖励。通过循序渐进的系统脱敏训练，减少自己在拒绝别人时可能会产生的不良情绪。

第四，学会独立，摆脱依赖。改变依赖行为，试着自己分析拒绝一个要求所涉及的人和事以及其中的利弊问题，然后自己做出判断和决定。

遇到争论者怎么办

一位网友讲述她的经历："我上大学那会儿，寝室里有一个女生，我总是会跟她争论，其实我知道跟她争论没有多大意义，但是我就是十分不喜欢她总是认为她是对的样子。不管是大事小事她都喜欢和人争论，比如听到某个观点，只要她不认同，她一定会以这样的形式开始：'不啊，不是这样的啊。'

"记得有一次她看到别人的蜂蜜分层了，然后她就认为别人的蜂蜜不是好的蜂蜜。我们寝室的一个女生说，这是很正常的现象，但是她认为这是不正常的，因为她家买的就是很好的蜂蜜没有出现过这样的现象。于是她们俩就因为这个问题争吵不休，然后我查了相关资料，证明她的观点是错的，但是她依旧不承认，所以很多时候我也拿她没办法。

"还有一次是关于英语发音的问题，她又和别人争论了起来，总说别人这样发音是不对的。她一定要把你纠正过来，仿佛一定要跟你争个输赢才肯罢休。我十分看不惯她那种盛气凌人的样子，每次我也会跟她争论几句，但是最后的结果都不是很好，我很烦躁，她也很烦躁。那时候我总是觉得她把自己的想法强加在别人身上是不对的，但是又无法改变她。"

这类人究竟是什么心理

这样的人究竟是一种什么心理，为什么一定要和别人争论个不停呢？这样不仅影响人际关系，还会导致别人对他们有意见，不过他们可能并不在乎别人对他们的看法。直到有一次，网友和喜欢争论的女生进行了一次深入的交流，其实这一次交流也不算是主动交流，是为了完成老师交代的作业，不得已才选择和她一组的。刚开始网友是很排斥的，但是通过这一次和她的交流之后，网友对于她的看法有了一些改变。

网友通过对她的深入了解才知道，每次她在和别人争论的时候，其实是想要知道正确的答案是什么，因为想要知道完美的答案，但是有时候又不知道如何表达自己的观点，所以采用了一种比较极端的方式。越对她深入了解，网友越发现她是一个追求完美的人，什么事情都想要尽量做到最好，只有做到最好了，才会被人看得起，因为有了这样的认知，所以才会出现这样的行为。

但是，她忽略了一个十分关键的前提，就是这个认知本身是合理的还是不合理的。随着谈话的深入，网友逐渐了解到她这种认知的来源，是因为很小的时候她父母对她要求十分严格，管教也十分严厉，不允许她出去玩，只能在家学习，也不允许别的小朋友到她家来玩，所以以前她总是和父母发生矛盾。

她在读小学的时候，身边所有的人都希望她能够有十分优异的成绩，要做一个乖孩子。但是随着年龄的增长，到了初中叛逆期，她就开始反抗家里面的一切，越是反抗，家长的限制就越多，直到高中的时候她被诊断为抑郁症，她的父母才有所收敛。因此，她这种不合理的认知就潜移默化地内化了，导致她在读大学的时候表现出不被别人理解的行为。人与人之间的距离就是这样产生的。

怎样才能改变

首先，学会自我觉察。有一些人是无法意识到自己的行为给别人造成了影响的，因为这些人对于这样的事情敏感度十分低，所以我们会发现不管自己怎样做，他们还是会继续像原来一样。因此，做好自我觉察以及双方及时进行沟通，是十分重要的。

其次，改变自己的认知。我们对事物的认识，在很大程度上可以决定我们的行为，负面情绪的来源也有很大一部分是认知不合理导致的。因为无法接纳自己的不完美，所以一些人会陷入不安之中，而另一些人会表现为防御性的攻击行为，比如上文的这个女生，但不完美是很正常的。我们要接纳自己的不完美，树立正确的认知，正确的认知就是每个人都不是完美的，甚至一个完美的人有时候要犯一些小错误，才会显得更加容易亲近，大家都不太愿意和完美的人做朋友，因为差距太大了，所以他们总是十分孤独。

我才不要主动道歉和好

"凭什么要我先道歉啊,明明不是我的错。"一个女孩在心里说。

"我才不要跟她道歉,最自私的就是她了。"另一个女孩说。

事情的起因是一件小事,两个人大学四年是饭友,某一天她们两个也像往常那样约好一起吃饭,她们一个正在准备考研,另一个正在准备留学。在等饭的时候,考研的那个跟留学的那个说:"我觉得我考不上了,我最近一刷手机就是一两个小时,控制不住我自己。"另外一个准备留学的就说:"你要是天天都这样,那你肯定考不上了。"也许是两人压力都很大,这顿饭的气氛就越吃越冷,最后考研的那个越想越生气,一气之下,饭也不吃了。

想要和好,只要搭话就好了

不知道大家是否有这样的时候,和自己的朋友发生了一点小小的矛盾和摩擦,两人就谁也不理谁,然后持续冷战。我曾经有一个很好的朋友,但是我们总是吵架,一吵架就冷战,谁都不理谁,甚至一个星期都不说话。但是我们都知道,我们是想跟对方和好的,只是碍于面子而已,没有一个合适的机会。每一次想要主动和好的时候,总是会被自己的各种想法阻碍。

其实要和好并不难,只要去搭话,主动释放善意就好了。只要说出自己的真实想法,对于自己的朋友,没有必要压抑什么,也没有必要去掩饰什么。这一条也适用于我们和同事以及其他人的相处。

还可以让他人来做中间人

寻找一个中间人不失为一个好的解决办法。因为我当年就是这样做的，两个闹矛盾的朋友跟我抱怨之后，我逐个了解原因，发现那时候大家说的都是气话——"反正她也不是我的朋友""我们两个毕业以后就不是一路了""我哥都没教育我呢，她凭什么啊"，等等。经过我的调解，现在她们仍旧是很好的朋友。所以，当朋友之间发生矛盾的时候，要学会用正确的方式处理，不要动不动就冷战，没有朋友可是很孤独的，找到知心的朋友也不是一件容易的事情。冷战永远都不是有效的解决方案，沟通才是。

我合理化了被性侵的事实

"我是一个作家，虽然有很多人喜欢我，大家喜欢我写的故事，我的书也卖得不错，但是无论如何我都开心不起来。尽管我的书治愈了别人，但是治愈不了我自己。很多时候我都觉得内心十分痛苦，因为在我的内心深处，一直有一个秘密，这个秘密是我从未跟别人说起过的。那就是在我很小的时候，曾经被老师性侵过。

"在我很小的时候，大概是小学时期，我的老师是一个有家室的中年男人，他经常借着给我批改作业的名义或者要重点辅导我的名义，把我单独叫到办公室，然后就会摸我的身体。刚开始都还好，只是手或者是背这样的部位，也许是当时自己还小，并不知道这样意味着什么。老师每次都会跟我说：'老师很喜欢你这样的孩子。’所以即使是老师后来叫我脱光衣服，亲吻我的肌肤以及我的敏感部位，虽然疑惑老师为什么要这样做，但因为他是老师，并且我的母亲也告诉过我，‘亲你代表的是喜欢你’，所以我没有告诉过任何人这件事。我也一直告诉自己：‘老师亲吻我，只是因为太喜欢我了，这不是什么不好的事情，没什么的。’加上当时自己并不了解什么是性侵，对于这方面的知识完全是空白的，于是我就把这件事情压在自己的内心深处，并把这个问题合理化，认为老师只是喜欢我，所以才会这样。

"但是从那之后，这个问题一直埋在我的心中。曾经我以为可以顺其自然，以为时间可以冲淡一切。直到我长大之后，偶然看到一些关于性侵的知识和一些心理学的书籍，才知道过去老师对我的种种恶劣行径，也知道自己一直在合理化老师的行为，自己采取了不健康的方式来应对这些事情。而这件事慢慢地就像从海面上浮起来的垃圾，逐渐占据了我的内心，我终日被这件事情折磨，甚至都写不出来好的故事了，也许生命结束，痛苦就会结束吧。"我合上这个红色的笔记本，这段话也成为这位作家最后的遗言。

防御机制与健康心理

合理化是一种典型的防御机制，在生活中，我们经常会使用防御机制来掩饰我们内心的不安。防御机制是自我面对有可能的威胁和伤害时的一系列反应机制，当自我受到外界的威胁而引起强烈的焦虑的时候，这种焦虑就会无意识地激活一系列防御机制，以某种歪曲现实的方式来保护自我，缓和或者消除不安和痛苦。

自我的概念是精神分析理论创造的，简单来说就是可以满足内心的欲望，但是又不至于违反现实规则，是立足于现实的，也就是自我所遵循的现实原则。比如你现在正在上课，但是你饿了，很想吃东西，可现实告诉你，你现在在上课，不能吃东西，但你又很想吃，所以你就悄悄地背着老师吃了一块巧克力，这样既满足了吃东西的愿望，又不会被老师发现。这是关于自我的最便于理解的一个例子。而防御机制主要包括否认、压抑、合理化、转移、投射、反向形成、过度补偿、升华、幽默、认同等。这里给大家简单介绍几种防御机制，让大家对防御机制有所了解。

升华。指的是我们将本能的冲动转移到社会所能接受的对象上。比如当我们受到挫折之后，可以换一种方式来缓解焦虑。艺术家一般会在遭受挫折之后写出更加优秀的作品，而不是攻击别人，做出反社会的行为。同样我们也可以在遇到挫折的时候，帮助那些同样遭受挫折的人，这也是一种升华。

幽默。对于困境，以幽默的方式来处理，可以缓解我们的紧张心理。现在十分流行"自黑"这个词，大多数喜剧演员都非常幽默，也十分擅长自黑。同样的事件，当我们投入不一样的情感，采用打趣的方式，可以转移我们的注意力，摆脱困境。

转移。转移是指将注意力从一个地方转移到另一个地方。比如当我们和家人、恋人分开的时候，很多人会让自己忙起来，以至于不那么想念自己的家人或者是恋人。转移注意力是一种比较简单的防御方式。

退行。从字面含义上可以理解，退行指的是退回到一种不成熟、原始、本能的状态，但是这样的防御并不常见。举个简单的例子来说，一个已经三十多岁的成年人，已经具备处理挫折的能力，能够以一种成年人的方式来面对挫折，但是他却采用了一种小孩子才会采取的方式，躲在妈妈怀里面大哭大闹，这就是一种退行。偶尔的退行可以让我们获得一些安慰和力量。

否认。不承认现实，比如我们听到亲人去世的消息时，一些人的第一反应是不相信这是真的，这就是一种逃避和否认。

压抑。是将我们所能意识到的痛苦，压抑到潜意识中去。我们都知道潜意识的内容是无法被人意识到的，所以那些痛苦因为被压抑在潜意识中，就会表现为被遗忘了，很多人在遭受创伤之后会失忆，也是因为创伤被压抑在了潜意识中。但是这样的遗忘只是暂时的，而这样的暂时性遗忘可以让我们缓解痛苦。

投射。指的是个体将自己的需要和情绪体验转移到别人身上，认为别人也是如此。有性别歧视的人，总是认为别人和他一样，也是存在性别歧视的人，这就是一种投射。投射的应用十分广泛，我们在沙盘游戏中可以看到很多投射的现象，沙盘就是运用投射的原理，将个体的心理状态投射在沙盘上。沙盘上呈现的内容代表着特定的含义，可以通过这样的方式解释一些我们无法意识到的潜意识层面的东西。

怎样消除不健康 —— 合理使用防御机制

这个性侵的例子是一个反面例子。将自己被性侵的事实合理化是不正确的，伤害不会得到消除，反而会被压抑在受害者的潜意识里面。在将来的某一天，受害者想起自己曾经被这样侵害过，那些痛苦就会加倍，让受害者喘不过气来。可能在某一天受害者看到某个同样的事件，那就成了压垮受害者的最后一根稻草。

所以，更多了解防御机制可以使我们更好地理解自己是如何应对挫折的。心理防御机制在生活中若能正确地加以利用，能释放心理压力，对身心健康有利，可以帮助我们有效面对和处理各种困难。

我们要学会合理地使用防御机制，但利用心理防御机制的同时，它也会有相应的弊端，防御机制的使用的确会对自我和谐产生一定的影响。尤其是采用不成熟的心理防御机制会对自身产生不利影响。例如某大学生每次在考试失利后都使用心理防御机制安慰自己，而不从根本上找原因，不付出努力，那么长此以往，就会形成一种依赖心理，而不能真正解决自身的问题，最终导致学业失败。

我感受到的是性屈辱

一般来说，法院不是招人喜欢的地方，因为里面充满了人性的丑陋和肮脏。人类有着利己主义的本质，人们会为了自己的利益，选择放弃一些最基本的东西。我曾旁听过的一个关于上司骚扰女实习生的案子，原告是实习生，被告是实习生的上司，实习生由于无法忍受上司的性骚扰，将其告上法庭。

但是令人遗憾的是，没人愿意帮助这个实习生，包括公司里一些曾经被骚扰过的女职员。被告的辩护律师也一直在强调这样一个观点，就是这些所谓的骚扰短信并不是骚扰短信，只是上级为了调节公司的气氛，故意开的玩笑而已，他本人并没有什么恶意，因为这家公司是广告公司，与别的公司企业文化不同，所以这并不是骚扰行为。并且由于原告只是一个女实习生，并不是正式员工，所以公司认为实习生吃点苦是应该的，不应该对公司有任何抱怨。

因为是上司，所以就可以对下属进行性骚扰吗？因为对方是权威，所以被骚扰的那个人只能默默忍受吗？这样的性屈辱是无论如何都不能被接受的。什么叫作"性屈辱"呢？举个简单的例子，假如你是一个身材比较丰满的女生，在你跑步的时候，你总是会感到有人看你，有些男生总是议论你的胸部，这让你感觉很不舒服，他们不仅当面议论你，还和其他男生一起议论你。你也很烦恼，不知道如何应对这样的情况。

于是，你只能穿十分宽大的衣服，这样他们或许就不会议论你了。本来穿衣是个人的一种自由，现在却要根据别人的眼光来选择自己要穿什么衣服。有一个很红的国外女歌手，叫作 Billie Eilish，她的衣服都是十分宽大的，于是就有记者问道："你为什么穿十分宽大的衣服呢？"而她的回答是这样的："穿宽大的衣服就不会有很多人议论我的身材了，以前我总是被人议论，所以我选择这样的方式来拒绝别人的议论。"

你为什么不说话

我们经常看到这样的新闻，女生穿得稍微暴露一些，就容易受到不管是网络上还是现实生活中的谴责，会听到"因为你们穿

内心的重建

得太暴露，所以才会被猥亵"，诸如此类不负责任的话，甚至可能有人会建议女性："你们还是要穿得稍微保守一些，注意自己的言行举止。"但是很多人都不明白，女性之所以喊出"自己想要自由"，表达的是一种需求，也就是无关穿衣的问题，而是想要自己不再被无缘无故地性骚扰，不再无缘无故地忍受性屈辱的问题。这是很多人曲解她们需求的地方。

　　不管是在公交上还是地铁上，还是排队中人挤人的时候，或者是没人的小巷子里，大多数女性面对这样的性屈辱选择的都是默不作声，而不是揭发罪行。为何我们不能勇敢地说出来呢？这是羞耻感在作怪。近年来，羞耻感成了心理学的研究热点。羞耻感的定义，简单来说指的就是感觉自己是可耻的，不管是对于自己而言还是对于别人而言，都是一种负面的评价，伴随着一种指向自我的痛苦的、难堪的、耻辱的体验。

　　有学者认为，耻辱是因为对自己不利的一些事件被公开了，因为他人在场，他人知道了这样耻辱的一件事，所以产生了耻辱感。这是外部因素，还有一种因素则是指向内部的，也就是说不管有无他人在场，这样的负性事件所代表的含义就是自己无能或者是自己不道德，其中包含了对自己的否定。

　　羞耻感对于一个人的心理健康起着十分重要的作用。研究表明，对于消极的事件，容易产生羞耻感的人倾向于做自我否定的归因，所以在遇到困难的时候，他们不会采取"勇敢地说出来"这样的解决方案，更多的是回避问题、隐藏自己的感情，采取祈祷和等待的应对方式。但是这样一种指向内部的归因方式并不是一种正确的、健康的方式。低羞耻感的人对于负性事件采用的是一种更为开放的应对方式，他们更多地寻找自己的社会支持。

容易产生羞耻感的女生对负性事件更加敏感，这样的负性事件会导致强烈的负面情绪，负面情绪又会导致她们的注意范围变得狭小，不去考虑正确的解决方法，而是把自己的思考力都放在自己遭遇这件事的恐惧、后悔之中。她们还会反复地回想自己经历过的事情，甚至会出现长期的自责。因为太执着于这样做，所以导致她们不去关注身边可以利用的资源。因此，为了减少这种不愉快的感觉，她们往往会选择不正确的方式，回避和隐藏自己的感情以减少外部环境给自己的影响，祈祷和等待以降低自己因为羞耻所产生的不良情绪，但这样的方式在很大程度上都损害着我们的心理健康。

还有一些人选择接受这样的事实，认为时间可以冲淡一切，于是就选择了默不作声。因为怕揭穿这个人的罪行之后，别人对自己指指点点；但是如果不揭穿，想起别人在自己身上做的事情，又会认为自己是一个无能的人。这同样是不可取的。

另外一个值得注意的问题是无意识偏见。根据格林沃德对于人类社会无意识态度的研究，人们一般会把白人和好事联系在一起，而不是把黑人和好事联系在一起；人们往往会把男性和科学家联系在一起，而不是把女性和科学家联系在一起。人们往往会把女性和弱小联系在一起，而不是把男性和弱小联系在一起。所以，女性被强奸、女性遭受性屈辱的部分原因，就是因为人们把女性和弱小联系在一起，这是一种无意识偏见。

如何去打破这样的循环呢

第一，要勇敢地站出来，学会保护自己。有些时候，那些猥亵女性的人，或者说侵犯女性的人，正是因为知道女性的羞耻心理，所以才会更加肆无忌惮。女性要勇于揭发这些行为，这在某种意义上不仅帮助了自己，也间接地帮助了别人。

第二，打破无意识偏见。为什么一些勇敢的女性，我们会认为她们特立独行？其实她们不过是做了自己该做的事情而已。因为在大家的印象中，大多数女性都是弱小的，没办法和男性对抗，甚至也没办法超越男性，这是社会普遍存在的一种偏见。所以我们要打破这样的偏见，类似的偏见不仅是在性别上存在，在很多其他方面也是存在的。

第三，逃避永远都解决不了问题，时间不一定可以冲淡一切。每一个被性骚扰或者是受到屈辱的女性都不要害怕，要学会使用正确的方式保护自己，采取正确的归因方式。要明白恐惧和无助是因为自己的羞耻感在作怪，要对羞耻感形成一种科学的认识。不要害怕，积极寻找自己的社会支持，善于利用身边的资源，相信这个世界上还是会有正义存在的，不是所有的人都会袖手旁观。

面对社会的不公

今天聊一些比较宏观的东西，人类社会总是复杂的，它不像动物社会。"物竞天择，适者生存"是只适合动物的法则。人类社会的不公总是存在的，这点不可否认。记得我大学毕业，刚开

始找工作的时候，就业竞争也比较激烈，我经过初试、复试，最后进入面试的环节，虽然很紧张，但我还是在很认真地表现。和我一起进入面试的三个人，有一个表现得很好，从容不迫，也能够回答出很多专业的问题，我觉得最后被录取的应该是他；另外一个人的表现就没这么好了，他表现得十分随意，有一些问题他说"回答不了"，便直接选择跳过了。我当时认为他一定会被淘汰。但实际结果完全出乎我的意料，最后被录取的不是那个十分优秀的小哥，而恰好是那个我认为一定会被淘汰的人。

但是，最让我觉得不公的，是我知道了他被录取的原因。也许是他看到我一脸不敢相信的样子，便索性告诉我："其实我初试、复试交的都是白卷，因为我爸是这家公司的股东。你们所谓的面试只是一个形式而已，别太惊讶，这个社会的规则就是这样的。"在那个时候，我终于直观地感受到所谓的关系户，终于知道有些时候不管你怎样努力都是没有用的。没有关系，没有人帮你引荐，你是很难爬到想要的位置的。这也许就是为什么现在很多 20 岁左右的年轻人，觉得拉关系比自己埋头苦干更重要的原因。

我们总是讨厌不公平

不公平会导致很多问题，作为一个参加工作的人，不公平让你工作更加懈怠。你明明比他更加优秀，但是他的工资就是比你高。我们会因为不公平而痛苦，因为我们十分在乎结果，所以我们对不公总是排斥。不公平也是两极分化的重要原因，职场上有不公平，教育上有不公平……哪里都有不公平，世界上本就没有绝对的公平可言，这是客观规律，是我们要接受的。如果我们和一个天生就有残疾的人抱怨不公平，他会告诉你："你看看我这样，我不也好好活下来了吗？而且我活得不比你们正常人差，但我从来没有抱怨过不公平。"很多人在残疾人士身上只是获得了一种心理安慰，而没有学到他们面对命运不公的时候积极的态度以及乐观的心境。

我们该怎么办

我们人类有与生俱来的公平感。不公平会产生一种威胁，会激发我们原始的因为痛苦攻击别人的本能。那我们应该怎样面对这种无法改变的现实呢？

关注生活中的小事，体验小确幸。我们身边总有惊喜发生，也许是你下班之后第一个碰到的绿灯，也许是下班路上遇到自己喜欢的面包店在搞活动，你可以买到自己想吃的甜食。有很多事情都是充满快乐和幸福的，只是我们没有注意到而已。人生短暂，但人生美妙的时刻会有很多，所以保持一个好心境，我们就能坦然面对不公了。

学会顺其自然。想一想前面举的例子，因为作者太关注结果，所以会觉得不公。但是反过来想，这样又有什么呢？这就说明自己不是因为能力不够才被刷下来，而是因为他是关系户。而且我们还可以改变自己对这件事的看法：这家公司如果用这样的方式来选择人才，说明前景也不会太好，还不如不被录用呢！选择一家好的公司，努力工作，才是更重要的。

态度很重要。我们每个人都有不顺利的时候，这个时候我们有两个选择，第一个是，你可以破罐子破摔，自怨自艾，从此一蹶不振；第二个就是，你可以先伤心一下，然后重新振作。所以一个人的人生态度是十分重要的，保持一种积极的态度，可以使我们更从容地面对社会的不公。

第六章

个性的重建

快乐是 快乐的方式不止一种

最荣幸是 谁都是造物者的光荣

不用闪躲 为我喜欢的生活而活

不用粉墨 就站在光明的角落

我就是我 是颜色不一样的烟火

天空海阔 要做最坚强的泡沫

我喜欢我 让蔷薇开出一种结果

孤独的沙漠里 一样盛放得赤裸裸

在所有的翻唱中，我还是最喜欢听华晨宇的翻唱，因为我总是能从他的歌声中，获得一些力量。

我就是我，不一样的烟火

"我不是一个性格很好的孩子，至少大家都这么说。本来我是有妈的，但是后来我妈和我爸离婚了。我爸每天都要喝酒应酬生意，我妈经常因为我爸喝酒就跟他吵架，于是他俩就离了。

"我是爷爷一手带大的。我从小就很调皮，还特别自私。所谓的集体主义，对于我而言，根本不需要，我只需要关注我自己的感受就可以了，至于别人的感受，我并不在乎。所以我说了很多伤害别人的话，我从来不叫他爸，我都是直呼他的姓名，我想我应该是一个不孝子吧，但是无所谓，我只需要对我爷爷好就可以了。我没有朋友，因为大家都很讨厌我的性格，也没有人愿意跟我一个小组，尽管我成绩优秀；即使是比赛，也没有人愿意为我加油助威，仿佛每个人都认为我是一个自作聪明的人。这样的评价我从小听到现在，已经厌烦了，但是没有人可以改变我的性格，我就是我，我要保持我自己的个性，保持不被部队的规章制度所同化。"

——一个刚进入部队的大学生的独白

性格可以改变吗

性格，对于每个人来说都不是一个陌生的词汇，我们很喜欢将人分类，其中一项标准就是一个人的性格好不好。性格和人格有着密切的关系，我们经常使用具有道德评价色彩的语言去评价一个人的性格好不好。一个人有什么样的性格，表现在这个人对人和事物的态度上，而态度其实是一种心理倾向，正是因为对人和事物有各种各样的态度，所以才会有这么多不同的性格。比如你认为这个人太自私了，不喜欢他，所以你表现出讨厌这个人的态度，并做出远离这个人的行为。

一个人的性格同时受很多因素的影响，性格是在后天环境的作用下形成的，所以没有哪个人是生下来性格就不好。每个婴儿会有不同程度的差异，比如有些婴儿很安静，有些婴儿喜欢哭闹，这是因为他们的气质不同，而不是性格不同。气质是天生的。这里大家也不要混淆气质和性格的概念。所以，影响性格的因素其实有很多种，一个人的性格并不是无法改变的。

我相信很多人都听过这样一句话——"给我一打健康的婴儿，

我可以把他们塑造成任何我想要让他成为的样子。"虽然心理学家华生的说法过于极端，但在某些方面对于理解性格是可塑的有一定的借鉴意义。我们可以思考一下，为什么行为不端的青少年去了少管所，可以有很大改变？为什么有些人去部队当了几年兵，他的性格就发生了变化？这也就从侧面说明了，性格是可以改变的。

成为你想成为的自己

第一，家庭的因素必不可少。家庭的影响不仅仅表现为遗传，对于性格的养成也起着重要的作用。有一句话说得好，"有其父必有其子"，一个人的教养方式可以在自己下一代的性格中得以体现。从我接触过的大多数案例来看，就统计学意义而言，认为家庭对自己影响很大的人占 50% 以上。

湖南卫视有一个很热门的节目，叫作"变形记"，我想大家对这个节目应该都不陌生。这是一个改造所谓的"不良少年"的节目。大家所定义的不良少年，就是我们所看到的抽烟、喝酒、不爱学习、沉迷游戏、顶撞父母、打架，过着一种奢靡的生活，结交一些不好的朋友的未成年人。于是以改造这样的青少年为目的，就有了这样一档节目。

但是，这档节目引来了很多争议。且不讨论这个节目的方法是否正确，在这么短的时间内真的能改变一个人吗？将他们送到偏远落后的乡村这样的方法真的能起作用吗？这样的问题暂且不说。真正影响孩子性格形成的因素是什么？这些例子无一例外存在一个共同的影响因素，就是家庭教育：父母忙于工作，不管孩子；父母离异，没有考虑到孩子的感受。为什么孩子喜欢用钱去衡量一个人？是他们的父母教给他们的，还是社会教给他们的？

当孩子想要的是父母的陪伴的时候，因为工作缘故，父母总是用钱来安慰他们，久而久之，孩子也学会了用钱来换取快乐，因为他们已经没有别的途径可以找到快乐了。并且这个阶段是青少年人生观、价值观、世界观形成的重要时期，现在的社会信息量太大了，因此他们很容易接受错误的信息，而这个时候父母的作用就是帮他们判断什么是正确的、什么是错误的，但有的父母往往因为各种原因而在孩子的成长过程中缺席。

参加"变形记"节目的大多数少年，回到自己原本的生活环境之后，依旧和原来一样，甚至变本加厉。所以，在这短短的十几天内，"变形记"只能暂时改变一个人的行为，而不能改变他们的性格。这也就是为什么我们总说"江山易改，本性难移"。性格的改变是需要自己、父母和社会的共同作用来实现的，而很多孩子都是被逼着参加"变形记"的，不是自愿的。更为重要的是，父母在现实生活中能不能充分关心孩子的成长，才是决定性的因素。

第二，早期童年经验的影响。人生早期所发生的事情对一个人性格的形成十分重要。调查研究发现，小时候是否遭受过巨大的创伤，对一个人人格的塑造以及性格的养成有密切关系。童年时期经受过创伤的人，如果创伤没有得到解决或者是治愈，这些创伤就会成为他们性格的一部分，就像身体里的一个器官，并在一个人的行为中体现出来。所以性格的确受到童年经验的影响，幸福的童年有利于儿童发展健康的人格，不幸的童年也会使儿童形成不良的人格。当然，在溺爱中成长和在逆境中磨炼的孩子其性格也会发生改变，所以早期经验并不能起决定作用。

第三，自我调控系统。中国有句古话叫作："吾日三省吾身。"能够进行自我反思和自我监督的人，更有可能形成健康的人格。人的自我调控系统包括自我认知、自我体验和自我控制三个部分。

1. 自我认知是对自己的洞察和理解，包括自我观察和自我评价。其中，自我观察是指对自己的感知、思想和意向等方面的觉察。也就是说，一个人能够觉察自己此时此刻的想法和状态。自我评价是指对自己的想法、期望、行为及人格特征的判断与评估。如果一个人不能够正确地认识自己，只看到自己的不足的话，就会产生自卑的情绪、丧失信心；如果一个人过高地评价自己，也会骄傲自大、盲目乐观。因此，一个人要实事求是地评价自己。有很多人觉得自己自卑，一个重要原因就是认为自己没有任何优点，自己身上只有缺点。这是因为他们对自己没有一个正确的评价，从而建立起了消极的自我形象。

客观分析自己，塑造正确的自我形象，对于建立自信十分重要。自我形象一旦建立，就很难改变。有些人喜欢给自己贴标签、下定义，其实这样的方式会削弱改变自己的能力，因为就贴标签这样的做法而言，把自己限定在一个标签里面，就会忽略自己其他方面的潜力。比如我有一个朋友来找我谈心，说他最近很迷茫，不知道自己该干什么。于是我就问他，你想要什么呢？他说不知道。我问他你不想要什么，他也不知道。我给他的一个建议是，你可以去散散心，他说不知道去哪里散心，他太迷茫了。不管我问他什么问题，他都会告诉我，他就是很迷茫。正是因为有了这样的贴标签行为，所以他才没有办法突破自己。

2. 自我体验是伴随自我认识而产生的内心体验，是自我意识在情感上的表现。当一个人对自己做积极评价的时候，就会产生自尊感；做消极评价的时候，则会产生自卑感。一个人在认识到自己不适当的行为后果的时候，就会产生内疚、羞愧的情绪，进而会制止这种行为的再次发生。

3. 自我控制是自我意识在行为上的表现，是实现自我意识调节功能的最后环节。如果一个学生意识到学习对自己发展的重要意义，会激发其努力学习的动机，并且在学习上表现出刻苦努力、不怕困难的精神。

具有良好调控系统的人，能够客观地分析自己，会有效地利用现有资源，发挥个人长处，努力完善自我。自我调控还有创造的功能，它可以变革自我、塑造自我，将自我价值扩展到社会中去，并在社会上体现自己的价值。

我这低下的自我效能感啊

"我自认为是一个各方面能力都还算 OK 的人，作为一名应届毕业生，在大学里，老师很喜欢我，同学们和我关系也很好，和室友的关系也还不错，不管是学习还是学校工作上，我都做得还可以，不是太差的那种。要说具体有些什么东西可以证明，奖学金我拿了，证书我拿了，老师的夸奖也有，这些都让我产生了极大的自豪感。怀着这样的心情或者说带着这份自信，我毕业了，开始找工作，我以为凭借我的能力，无论如何都一定可以找到一份好的工作，于是就去投递自己的简历。

"但是现实总是十分的残酷，你总是会遇到一些不尽如人意的事情，比如你想要的工作不要你，或者说当你觉得你的工作已经做得够好了的时候，却被领导批评得一无是处。以前那些所有在学校里面建立的高自我效能感，当进入社会之后，会被击得粉碎。我偏偏又是一个喜欢自我反思的人，刚开始的时候，我总是从自己身上找问题，一段时间下来，我觉得很累，情绪十分不好，于是我开始否定这份工作，甚至开始否定这个公司、否定整个行业。当我有了这样的想法的时候，我就知道可怕的事情发生了。"

是什么导致我如此低下的效能感

我们每个人都会遭受挫折，不管是在学习上还是在工作上，都是如此。但并不是每个人都可以接受这样的挫折，也不是每个人都会正确认识这样的挫折对于自己是一种磨炼。人们都喜欢为自己的行为找一个原因，这里就要谈到心理学家韦纳的归因理论，他将人们的归因分为内归因和外归因。内归因有好处也有坏处，好处就是这样的人会在每一次的反思中，不断地修正自己，让自己变得更加优秀。但是同时研究也表明，内归因的人会因为过度自省导致抑郁，他们会认为一切都是自己的错，所以相对于外归因的人来说，他们会更加痛苦。

外归因也有好处和坏处，好处就是外归因的人不会像内归因的人那样负担很重，他们不会从自己身上找原因，反倒觉得问题的形成源于别人或环境，所以他们不会自责，同时也不会觉得自己能力有问题。这样的人往往会更乐观一些，但是不好的一点就是别人会认为这样的人十分自大，并且发生任何事情只知道找借口，推卸责任。

在这个内外归因的维度上，如果将成功归因为内部因素，人们就会体验到自豪感，从而进一步增强动机；如果归因于外部的话，就会产生侥幸心理。与此同时，如果我们将失败归因于内部因素，就会产生羞愧的感觉；如果归因于外部因素，就会感到很生气。由此可见，当我们将失败归因于自己的时候，就会导致自我效能感的降低。因此，自我效能感的降低与内归因有很密切的关系。而自我效能感简单来说，就是一个人确信自己具备进行和完成某项活动的能力。当我们认为自我效能感十分低下的时候，我们就会觉得自己是一个没有能力的人，同时也失去了做事情的动力，我们可能不想学习、不想上班，甚至可能封闭自己，更为严重的话就会导致抑郁的发生。

怎样建立高自我效能感

第一，客观回顾自己个人成败的经验。也就是说，当我们觉得自己此刻处于一种低自我效能感的时候，我们需要回想自己以前做过的事情，有哪些事情是自己觉得成功了的，哪些事情是自己觉得失败了的。不过在实施这一步骤的时候最好有另一个人在我们身边，因为如果是自己独自回忆，此刻的情绪只会让我们想起自己失败的经历，而忽略很多成功的经历。这样就无法做到实事求是，产生的效果就不好了。

第二，建立期待性经验。我们将期待分为两种，第一种是结果期待，第二种是效果期待。结果期待就是说，如果我们上课认真听讲，就可以取得一个比较好的成绩；效果期待就是指对自己是否有能力完成某项任务的推测。我们可以通过观察别人完成某件事的结果来推测，如果这个人和我们有一些共同特点的话，那我们就会认为自己具有和他一样的取得成功的可能性。

第三，说服自己。可以采取言语说服的方法，语言具有强大的魅力，特别是当我们信任的人告诉我们，你一点都不差，你真的很不错，不是你自己能力的问题时，我们就会觉得自己其实也不差。所以，当我们有了类似的烦恼的时候，要学会说服。

第四，唤起积极的情绪。情绪唤醒，简单来说就是我们要有一种积极乐观的情绪，这样不论发生什么，我们都可以从容地面对。很多时候我们都会发现自己心情好的时候，能够想起更多愉快的事情和经历，从而使自己的心情更加愉悦。

我不做一个懦夫

我偶然路过街的尽头，有一家老电影店，里面放的都是光碟式的老电影，就是 20 世纪八九十年代的电影。我便顺势走进了这家店，店老板叫阿哲，虽然他现在已经老了，但还是让人叫他阿哲，他说这样会让自己感觉依然年轻。走进去之后，我发现里面放着一部电影，是星爷的《功夫》，正好电影放到这样一个桥段：主人公有一个功夫梦，他希望练成如来神掌，于是他用光了自己所有的零花钱，从一个乞丐那里买到一本《如来神掌》秘籍，不断地练习。一天，这个男孩看到一群男生在欺负一个女孩，他想要英雄救美。以为自己已经练成如来神掌的男孩，希望可以用自己练成的绝技打败这群坏男生，但是事实并不如人所愿，男孩失败了，他没能成功地英雄救美，反倒被坏男生们嘲笑。电影正好定格在男孩被推倒在草坪上，一群人在他身上撒尿的画面，字幕上写着"一个傻子，一个哑巴，滚一边去吧"。

这个故事情节一下就将我带回到现实中，类似这样的霸凌事件总是屡屡发生，在我们的生活中十分常见。在班级中，有时会出现一个或者两个这样被众人欺负的孩子，他们内心善良，有着自己的理想，但是又在这样的打击下，一步步地迷失了。我们经常看到这样的新闻，某某孩子因为校园霸凌被迫自杀。他们的人生本来应该是美好的、充满希望的，但所有的可能就这样戛然而止了。他们在此之前也发出过求救信号，"救救我，有谁可以帮帮我"，但是没有人理会他们。

难道我就该被欺负吗

解释一下这种比较常见的现象，为什么有些人总是会成为受害者，有些人则会成为加害者，有些人又会成为旁观者？现实生活中总是会出现各种暴力现象和行为，先来说一下旁观者。在社会心理学中有一个著名的理论，叫作"旁观者效应"。我们总是能看到这样的情况，比如一个人受到欺负的时候，没有人会站出来帮助他，背后的心理原因是推卸责任，每个人都认为别人会站出来，所以自己就不会主动出头，因为每个人都这样想，所以就不会有人第一个站出来。这种推卸责任的心理就助长了旁观者效应和暴力行为。

关于加害者，各流派的心理学家对于这种类型的人观点不一，在强调基因作用的心理学家看来，加害者总有一些明显的特征，他们的攻击性在基因方面就不一样，所以他们比常人更具有暴力倾向。但这样的理论并不能解释为什么有些我们想都想不到的人居然会犯下罪行，比如遗传了杰出父母优秀基因的孩子。另一个学派的心理学家是这样解释的，从挫折—攻击的维度去看待攻击行为，有些人之所以会成为加害者，是因为他们在日常生活中遭受了太多的挫折，于是他们需要攻击别人，这样才能获得心理平衡，这也就是受害者往往会转变为加害者的原因。这种类型的人通常遭受了严重的心理创伤，才会堕落为加害者，所以每一次加害他人对于他们来说，都是自身创伤的重演。

至于受害者，这样的人一般是无辜的，看起来并没有什么错，但是每次在遭受攻击的时候，如果不予以有力的还击，就会助长攻击者的气焰。举个简单的例子，现在有一个群体叫作"键盘侠"，所谓的键盘侠就是一群躲在屏幕背后的加害者，因为别人不知道他们的真实身份，所以他们就随意发表极端言论攻击别人，而一些热点人物就会成为他们攻击的对象，很多明星对此都深有感受。有些人是默默承受，有些人则是有力还击，比如金星就是有力还击的典型，所以那些"喷子"都闭嘴了。因此，面对攻击，懦弱的表现永远无法阻止加害者，只会让他们变本加厉。

如何才能不懦弱

在受到侵犯时要寻求帮助，寻找自己的社会支持系统。如果我们求助了，但是因为旁观者效应的影响，没有人伸出援手，让我们不知道接下来该怎么办的话，那就说明我们求助的方式是不对的。一个著名的心理学实验是这样的，这个实验让一个女生故意抱着一大堆文件走在路上，然后装作不小心摔倒，女生需要在路边捡起这一大堆文件。实验的结果证明，只要是成群结队的人路过，没有一个人会停下来帮助这个女生，他们都是看一眼就走了；如果是单独走过的路人，帮助女生的概率就比成群结队的人要高。所以，当我们求助的时候，应该指明某个具体的人，比如"穿黑色衣服的小哥哥，可以帮我捡一下吗？"通过这样的求助方式，对方就会感到责任是落在他身上的，同时他也会动员和他一起的伙伴来帮助求助的人。后面的实验证明结果的确如此。所以，以后在寻求帮助的时候，一定要学会如何正确地求助。

我们在生活中，面对加害者，要鼓起反抗的勇气。比如面对校园霸凌，作为受害者要找到可以支持自己反抗加害者的动力。这种动力可以由小到大，从语言上反抗，慢慢升级到行为的反抗，最后到自己内心真正的无所畏惧，反抗成功。这就是一个博弈的过程，当然这里的行为反抗，不是要升级为以牙还牙的暴力行为，而是在面对攻击时，我们不能逆来顺受，要敢于保护自己，敢于求助。

怎样才能建立自信

我还记得自己刚进大学的时候，可以说之前没怎么见过世面，没有去过很远的地方，就是一个在小镇上长大的孩子，所以我对大学的一切都感到十分新鲜，但同时又很害怕，我觉得别人都很优秀，而我只是一个乡下来的孩子，跟他们比起来，我是真的很"菜"。

我记得刚上大一的时候，我们班每个人都要做自我介绍，我是个连站上讲台都会两腿发软、说话结巴的人，因为必须要介绍自己，所以我独自练习了很久，准备充分了才能够说清楚。明明对于别人就是十分简单的事情，我做起来却很难。因为自卑，因为没有自信，我也失去了很多可以发言的机会，失去了很多可以站上讲台锻炼的机会。我总是认为下面的人会嘲笑我，嘲笑我带有口音的普通话，嘲笑我说话结巴。我也很憧憬自己可以像那些优秀的人一样，十分流利地发言，遗憾的是，这些想法并没有付诸行动。直到有一天，自己被逼着站上讲台，出糗之后，大家并没有像我所想的那样嘲笑我，从那一刻我就知道，应该做点什么改变自己了。

我们每个人都或多或少地面临着自卑或者没有自信的问题，有很多人明明很有能力，却没有收到公司的 offer，而那些看起来平凡却充满自信的人就可以收到 offer。这就说明，能力并不是唯一重要的因素。一个人是否自信也很重要。

自信在很大程度上会成就一个人，没有自信则让我们成天担心，觉得自己不会做或者不可能，导致自己止步不前。阿德勒在《自卑与超越》一书中这样写道：当面对一个自己无法适当应付的问题的时候，他会表现出拒绝这个问题，这个时候出现的就是自卑情结，也就是说不做任何尝试就退缩，过分低估了自己的实力。

简单来讲，自卑与我们的情绪体验相关，是个体由于某种生理或者是心理上的缺陷或其他原因所产生的对自我认识的态度体验，这种态度表现为对自己能力或者自己的品质评价过低，从而轻视自己、看不起自己、担心失去他人尊重的一种心理状态。人与环境的相互作用是产生自卑的一个十分重要的因素。

自信心的来源

首先是别人对待我们的方式。每一个人都从社会上获取信息，我们既是信息接收者，也是信息传递者。因此，别人对待我们的方式在某种程度上会影响我们解读信息的方向。在我读高中的时候，我们班的英语老师，是我最不喜欢的一个。不是因为她教得不好，而是每次你有疑问的时候，她都会先做出一副十分嫌弃的样子，然后再对你说："这么简单的题你都不会，别的人都会，你为什么这么笨？"还有更多难听的话，以至于我很长一段时间都对学英语产生了抵触情绪，这极大地打击了我的自信心。本来我认为自己的英语不算差，但就是她的话，让我学英语的热情渐渐冷却了。每个人都是不同的，他人的态度对不同的人会有不同的影响。

其次是自我的控制力。为什么面对同样一件事，每个人的反应不同呢？这就是自我的控制力问题。一些抗压能力比较强的人，这件事也许并不会给他造成任何影响；对于一些比较乐观的人来说，甚至会觉得这是一件好事。但是还是存在很多心因型自卑的人。与情境型自卑不同，情境型自卑只是在某种特定的场合下觉得自己不行，比如你不是一个十分擅长上台演讲的人，但是你在擅长的领域可以表现得很好，因此对于这种类型的人来说，自卑反而可以使他们更加努力，将其作为一种动力；而心因型的自卑则不同，它是指无论面对什么，这类人总是怀疑自己、否定自己。其中有很多原因，有一些人的性格就是倾向内省、唯唯诺诺；有一些人是因为给自己设定的目标太高了，对自己要求太严格，但是又达不到这个标准。还有一些属于创伤性的，就是遭受了一个巨大的挫折，从此消极避世、一蹶不振。

怎样增加自己的自信

第一，控制自己的想法，进行积极的心理暗示。拥有成长性思维的人比只是表现给别人看的人会更加自信。也就是在我们完成某项任务的时候，不要以最后结果的好坏来作为衡量自己是否成功的标准，真正能够让我们获得自信的是，自己在这项任务中掌握了多少知识，成长了多少，通过吸取失败的教训，下一次我们能否做得更好。

第二，练习失败。失败对于我们来说不一定就是一个负面的东西，遭遇失败并不可怕，最重要的是，我们可以从失败的地方爬起来，然后继续前进。

第三，不要过多地在意别人的评价。嘴巴长在别人的身上，我们管不着，只要自己认为自己并不差，那些不了解我们的人、那些旁观的人的意见并不重要。

第四，改变对事物的理解，改变自己的看法。为什么人与人之间总是存在不同的理解，原因是每个人的图式原型有所不同，这里的图式指的是什么呢？可以说图式就是一种表征的方式，也就是说我们是以一种什么样的方式来表达自己的看法或者评价的，通常是积极的还是消极的。所以一个人怎么理解信息，怎么加工信息，对于我们的自信心的提高以及自卑感的降低有着很重要的作用。

同样面对领导的责骂，有些人会认为自己正如领导所说的那样，真的很差；但是另一些人则不这样想，他们会把领导的责骂当作一种激励，"下次我一定不让他这样骂我，我要把这件事做到无可挑剔"。于是责骂不仅没有成为一种伤害，对于他来说反倒是一种动力。保持乐观总是好的，当我们无法改变外界的时候，就选择改变自己。甚至只要不是自己的问题，只要自己认为对于这份工作是问心无愧的话，就可以理直气壮地跟领导说出自己的意见。

第五，抓住自己的闪光点，写一封自夸信。写下自己最自信的一面，并且将它保存好，每当自己失去信心的时候，就把它拿出来看一看，明白自己其实并没有这么差，曾经的我还是很棒的，以此来激励自己。我有这样一个习惯，会把很多以前的读书笔记收藏着，每当失去学习动力的时候，我都会去看以前自己认真上学时候的笔记，满满的几个本子，都写满了。每次看到自己以前雄心壮志的时候，都会感到动力十足，持续很久，我又有了新的学习动力。

我是个虚伪的人

"我不是一个十分真诚的人，因为我是一个满嘴谎言的骗子，我总是对我的朋友们撒谎，对我的家人们说谎，就为了维护我那可怜的自尊心。但是谎言是没有办法一直延续下去的，谎言最后一定会被拆穿，即使不被拆穿，内心也一定会产生负罪感。我最近很烦恼，也深受折磨，因为没有办法再继续装下去了，觉得自己很累，每天都在给自己营造一种假象。我其实只是一个小人物而已，但是不想让我的朋友们觉得我很差劲，不过我知道我实际上是真的很差劲。考研的时候，虽然我很努力，但是我连国家线都没有上，我很失落，但是我不能告诉他们，因为在他们眼里我一直成绩很好，我不能破坏我在他们心中的形象。我一定要维护好这一形象。

"所以我很讨厌他们问我成绩，因为这就代表着我要违背自己的良心，说出不符合事实的话。我上大学的时候，英语六级考了三次都没有过，但是我最后还是欺骗了我的朋友、我的父母，告诉他们我过了，他们听了之后很开心，但是我一点都开心不起来；还有就是计算机二级，我考了两次，都没有过，甚至一次比一次差。有时候我真的不知道究竟是为什么，为什么我已经这么努力，还是得不到自己想要的结果？我爸妈问起我的时候，我还是跟往常一样，跟他们说我考过了，实际上，我根本没过，我真的很讨厌这样的自己。"一位网友这样说。

自尊心很重要

为什么说自尊很重要？自尊总是和我们的情感联系在一起，如果一个人的自尊得到满足，那么他就会感到十分自信，肯定自己的价值，从而可以产生积极的自我评价。我们都是从婴儿期逐渐长大的，我们在 3 岁的时候，自尊就已经萌芽了，比如我们小时候犯了错误，我们会感到羞愧，即使是童年，我们也怕被别人讥笑，妈妈在公众场合骂我们，我们总是觉得很丢脸。随着我们慢慢长大，自尊心越来越重要。

从社会的角度来看，爱面子是很多人一个十分重要的特征，和外国人不同，他们更加注重自我，而我们更加看重怎样才能获得别人的称赞，怎样才能使周围的人对自己有一个好的印象，怎样维护自己的面子，怎样避免别人的嘲笑，怎样避免陷入尴尬和困境。

我们应该怎么做才好

学会接纳自己的不完美。我们之所以自尊心受挫，是因为我们把自己想得太完美了，但没有人是绝对完美的，只能说他相较于其他人来说比较完美而已。当我们心中的理想自我和现实自我有了差距，就很伤害自己的自尊心，自尊心太强了反而不好，自己会活得很累，有损心理健康。其实承认自己不行并没有那么难，只需要说出实情就好了，我们应当实事求是，勇敢地面对真实的自己。如果某些人嘲笑你，那就说明，他们并不是真正的朋友，这样的人也没必要去深交。接纳自己，才能够成为想成为的自己。

自尊与儿童的能力和对自己能力的认知有着十分密切的关

系，同时也受到父母育儿风格以及对于儿童来说的重要他人评价的影响。相比于一个我们不认识的人说"你不行"，一个我们十分在意的人说"你不行"，这个重要他人所带给我们的伤害是无比巨大的。想想我们的父母告诉我们"你不行"的时候，我们是不是觉得很委屈，又很生气，因为连自己的父母都这样说，自尊心就会很受挫。

研究表明，高自尊的孩子，他的父母一般会更加关心和支持他，在日常生活中为孩子树立了生活的典范，在有关孩子的决定中十分民主地听取他们的意见，给他们选择的权利。相反，越是溺爱儿童的父母，教育方式越不一致，就很容易造成孩子的低自尊。所以，良好自尊心的培养，还是要从小抓起，当父母都是不易的，尤其是当好父母，就更加不容易了。

放下自己所在乎的，活化自己的立场，方能获得真正的自由。因此要真正获得面子，就应该放下自己所在意的面子。为什么谦虚的人反倒更容易得到别人的尊重？是因为他们大方承认自己不懂的地方，而不是打肿脸充胖子。大大方方地承认自己不行、自己不懂，虽然需要巨大的勇气，但是能够坦然面对自己不足的地方，反倒令人心生敬佩，所以承认自己的不足，不代表没有面子。培养一种真诚的品质，对于我们的心理健康十分重要。

学会顺其自然地生活

我是四川人，在四川经常听到这样一句话，"少不留川、老不出川"。大致的意思是在一个人年轻的时候，不要留在四川打拼；当一个人老的时候，就应该留在四川养老。看起来四川就是一个很舒适的地方，不适合打拼的地方，但是事实真的是这样的吗？或者说我们真的就应该在年轻的时候出去打拼，然后老了回来吗？不知道大家是否有过这样的烦恼，至少我家是这样。我的父亲年轻的时候是一个典型的打工仔，他去过很多地方，北京、广东、长沙……但是他打拼够了，想成家了，就回来跟我妈结了婚。爸爸总感叹的一句话就是，"还是在家好，外面不如家好"。

当我大学毕业的时候，爸爸就希望我可以回到老家工作，我想大多数家长都是如此，希望子女陪在自己身边，但是很多子女并不这样想。我有一个朋友，她就是大学毕业后按照父母的意愿，回到了老家当老师，但是她过得并不开心，她觉得这不是她想要的。于是她选择一边工作一边考研，决心改变命运，她终于如愿以偿，得到了自己想要的。

但是同样也存在着这样一群人。他们每天都活得很乐观，从来不会为了未来的事情而烦恼，不去纠结自己以后要成为什么样的人。也许你认为他们是安于现状，但是他们只是苦中作乐而已；也许你认为他们就应该在年轻的时候好好努力，但是他们想要的仅仅是自由和快乐，是否有成就感对于他们而言，并不十分重要。

那些成功的励志学教会了我们什么

我们的求学生涯大致是这样的，九年义务教育之后，就面临着升高中了，升上高中之后，就意味着这三年的学习关系到我们未来人生的重大走向。因为我们的老师总是告诉我们一定要考上一所好大学，要拼了命地学。三年认真学习之后，考上了好大学，身体也垮了，心理也垮了。那些你拼了命想要考上的大学，对于别人来说也许并不难，等到你和他们一起之后，就会发现你们之间存在很大的差异，这时候产生自卑是难免的。

其实很多事不是我们想怎么样就怎么样的，觉得只要自己想要就可以实现，这实际上是一种唯心主义的观点，虽然意志在某种程度上可以成就一个人，但这不是唯一的条件，成功是需要很多因素共同作用的。所以，成功和开心，你会选择哪一个？

其实这两者可以兼得

目标太高，那就设定一个合理的目标就好，偶尔降低自己的标准，其实并不会影响什么。对自己的能力认识不够清晰，设定过高的目标，会因为达不到而焦虑。也许你认为这样一个高目标可以激励自己，但实际上，很多时候并不是这样，因为目标过高而达不到，最后受挫折的人并不在少数。因此，我们应当设定一个合理的目标，然后去完成它，不仅有助于我们获得成功，同时也不用背负这么大的压力，何乐而不为呢？以前，我总是太想要成功，抓紧一切时间学习，几乎是挤着时间学习，一点娱乐的时间都没有，所以经常会头痛、失眠、身体免疫力下降，但是最后还是没有达到自己理想的目标。所以，我们一定要劳逸结合。

偶尔过一下"老年"生活，其实也是很不错的，只要怡然自乐就好。我们不可能每天都像打着鸡血一样度过，偶尔回归自然、闲适，两者相互交替也不错。谁说年轻人就要去北上广闯一闯，就不能留在生活节奏比较慢的四川？每个人的选择都不一样，顺从自己的内心就好，为什么一定要按照成功学所教的那样来呢？人生的路终究还是自己去抉择。

走出自己的舒适圈

一个来访者讲述："我想公务员这份工作是每个人都想要的，每个月都有稳定的工资，也不算很低，不需要加班，不用担心被炒鱿鱼，国家配置各种各样的福利，不需要像销售一样，努力去说服别人买自己的产品，不需要因为达不成目标就被领导骂，不需要接受太多的负面情绪。公务员待遇好，圈子也很简单，简直就像养老。每年都有这么多想进来的人，但是录取的人数却不多，我能进来真的是太好了！

"我在这个舒适圈里面简单地生活着，一切都很舒适，渐渐地我开始不喜欢看书了，我也不太喜欢去培养自己的个人技能了，每天我回到家都不知道要干吗，因为没有什么事情可做，不像我考公务员那会儿，每天都会看书学习。但是在未来的某一天，你会因为你的圈子过于舒适而忘记该如何应对危机，以至于一旦遇到危机就会倍感挫败。"

走不出舒适圈啊

曾经有很多年轻教师都来向我咨询他们的问题，他们总是对自己的现状抱怨，抱怨他们的学校、抱怨他们的学生、抱怨他们的社交面不广等。但是每当我问他们这样的问题的时候——"既然这么不舒服，为什么不选择离开这个地方呢？"他们都充满犹豫地告诉我，"呃……这个啊，我觉得也还是不错的，福利制度也还行、竞争也没多大，其实学生还是很乖的，还可以勉强待"。大多数人总是说着自己的不满，但是从来没有想过要离开自己的舒适圈。究竟为什么我们总是走不出自己的舒适圈呢？答案其实很简单。

当别人问你，你最近怎样时，你总是告诉别人："我很好""还可以""都 OK"。这个回答从另一方面来说也意味着不会去改变。它是一种信号，所以当它出现的时候我们就要注意了。没有改变的需要，就不会做出改变的行为。

我们每天有很多可以使自己发生变化的想法，"我想要去健身""我想要减肥""我明天要早起看书"，到了第二天早上，你设定好的闹钟响了，提醒着你应该起床了，你关掉自己的闹钟，你的床是如此的舒服，你一点都不想要离开这温暖的床，这是你的舒适区。当离不开舒适圈的时候，我们的大脑是如何运行的呢？我们的大脑有着自己独特的运行机制，它十分喜欢自动化加工，也就是说当待在这个舒适圈变成你的习惯的时候，你的大脑也不允许你改变，你知道偷懒，我们的大脑也知道怎样偷懒。所以这也就是偷懒其实是一件很快乐的事情的原因。

我们的大脑中还存在一个紧急刹车装置，这个刹车会让我们每次想要做出一个改变的时候停止改变。在一个聚会上，主持人让大家都起来跳舞，也许你曾经有过站起来的冲动，但是还没等迈出那一步，你就选择了坐下，为了使自己舒服一点，你告诉自己："坐在这里看着他们跳也挺好的，没关系，我还是不要去跳舞了，坐着挺好的。"然后你眼睁睁地看着自己心仪的女孩或者男孩接受别人的邀请，和别人一起去跳舞了，你就只能一个人坐在沙发上后悔。把屁股从沙发上挪开真的是一件很难的事情吗？其实并不难，沙发也算不上多舒服，你需要做的就是迈开自己的腿，走出去，仅仅是 5 秒钟的事情。也许你会觉得这对于你来说不太舒服，也许你觉得站在舞台中央跳舞让自己觉得别扭，但是正是因为不舒服，你才会有改变的动力，你才会有新的变化和成长。

我的一个朋友，有着一份十分安定的工作，他完全可以靠这份工作养活他的家庭，看起来他一切都有了。直到有一天因为公司战略调整，需要裁掉一些老员工，于是他就被炒了。我的这位朋友就这样失业了，蜷缩在自己的床上，看起来十分消沉。好在他也是学心理学的，不久之后他就开始了新的生活。很明显，舒服的状态和不舒服的状态相比，不舒服的状态更能够激励我们，当我们失去一些东西的时候，也获得了新的机会。就像我朋友，如果不是离开了自己的舒适圈，也许他一辈子就这样了，也不会有他的下一份工作，而且这份工作给了他极大的成就感，他现在不仅可以养活他的家庭，还可以帮助更多走不出舒适圈的人走出去。

舒适圈代表着阻碍成长的生活环境。比如金鱼可以生活在安逸的鱼缸里面，也可以生活在池塘里面，在鱼缸里面是舒适的，但是它到死都无法看到外面的精彩世界；在池塘里面也许是不舒服的，甚至还可能会被天敌吃掉，但是却能够活得自由以及获得生存的技能。实际上鱼缸里面的金鱼就是我们。成长只有在自己不舒服的状态下才可能发生。因此，引发不舒服的感觉是走出舒适圈的一个重要因素，当然这仅仅是对那些想走出舒适圈而没有动力的人说的。如果你觉得你现在很好，我觉得这样也是可以的，每个人都有自己的选择，我们每个人都得为自己的选择负责。

怎样引发不舒服

第一，找到可以触发复杂性的人。当自己一个人的时候，生活十分规律，不太容易做出改变，特别是对于自律的人来说，尤其如此。因此，我们需要走出去，和比自己优秀的人待在一起，但你和他的差距最好不要太大。

第二，自己触发复杂性。如果我们在复杂的环境中停滞不前呢？这也是一个问题。所以，我们需要为自己找到动力，明确自己想要什么，然后找到现在的你和它的差距，努力去消除这个差距。

第三，只要做就行了。每天早上起床都是很困难的，但是一旦你起来了，就会感觉很棒，每天的改变从起床开始。移动你的脚步，哪怕是一步，改变就发生了。

第四，使用5秒钟规则。在5秒内做出决策，就在这5秒钟决定你是否要站起来，或者走出去。如果你不在5秒内决定，你的紧急刹车就会拉起来，最后你还是会待在自己的舒适圈里面。

我也想要被人理解

一个网友说："都市的生活不适合我，我一边这样想，一边踏上了回家的路，虽然我知道辞掉工作回家是一件很丢脸的事情，但我还是回去了，因为我已经没有别的地方可以去了，所以我只能回家找妈妈。我们公司只会压榨员工，每天让我们加班、改图，还不加薪水，在这样的压力下我辞职了，我甚至决定不要干这一行了，我以后再也不做设计了。人一旦有了冲动的念头之后就会很倾向地去实现它，所以我回到老家，每天过着消极避世的生活，本来以为回到家里面至少还能有一个人关心我，但是直到回来之后才发现，没有人理解我，回来也没有朋友。

"当我打算跟我妈谈谈的时候，我妈总说'随便你'，我说又想回去做设计的时候，我妈就说我无理取闹，让我把心定下来。就这样我又十分消极地过了几天，我总是时不时地拿出自己设计的作品来看，每次设计好一个作品我都很开心，每次看的时候甚至认为自己可以做得更好。这些天我还很认真地在网上找设计作品的兼职，但是并没有人回复（我也知道不会有人回我的，没有人愿意找一个不起眼的平面设计生）。直到我妈有一天跟我说，让我去卖电器，至少可以挣点钱，而不是闲在家。听到从我妈嘴里说出这种话的时候，我很不争气地哭了，不知道是为自己不争气而哭，还是为了自己被最亲的人认为没能力而哭，总之那天我哭得很伤心。"

当你不被人理解的时候

我们要明白一件事，很多时候人与人之间都是无法相互理解的，即使是最亲的人也是如此。因为每个人看待事物的角度都不一样，不然为何说一千个人眼里有一千个哈姆雷特，所以不要去奢求跟自己最亲的人倾诉，你就一定可以得到自己想要的答案，否则就不会有这么多问题存在了。

我们要做的事情就是讲给能够理解自己的人听，只有讲给理解你的人，你的倾诉才会有效。大家不愿向朋友倾诉的很大一部分原因也是，都市的生活节奏很快，每个人因为工作忙碌联系就少了，所以人与人之间的交流越来越少。我们也可以讲给自己听，因为自己就是最能够理解自己的人，录一段音频或者是视频给自己，说出你想对自己说的话，或者把自己当作第三方，听（看）自己的这一段音频或者是视频，与自己进行对话，这并不是很奇怪的事情。

不被理解怎么办

第一，我们需要认识一些有信念的人。因为当我们遇到有信念的人的时候，我们的那些想法才会真正落实到行动上，才会对自己负起责来。有信念的朋友通常是这样的，你告诉他："嘿，我跟你说，我想辞职了，我想要去做一些有意义的事情，不是在公司当一个小职员，我想要成为一个记者，去采访很多有趣的事件，你觉得怎么样？""很好啊，这个想法是认真的吗？如果是，那就去做！"此后的很多天，你都会接到这个朋友的电话，"你辞职了吗？没有的话，我明天再来问一遍"；第二天，"打算什么时候辞职啊"；第三天，"你辞职了吗……"他们会真正推动你做出改变，而不是听了你的想法之后，就没有下文了。

第二，找到一份有意义的工作。这份工作不是因为你需要去做而做，而是因为你热爱才去做。或许你会认为我是一个理想主义者，但是正因如此，我们才不会有虚度光阴的悔恨。

第三，停止拿自己和别人比。我们的身边总是会有很多优秀的人，当你看到他们十分有成就的时候，你就会有这样的想法，"他有一份稳定的工作，有一个漂亮的女友，还打算结婚了，好羡慕他们啊！而我呢，我只不过是一个没有女朋友的、拿着并不高的工资的小职员，跟他相比我实在是太差了"。但是你并不知道他们也有他们的烦恼，也许你所羡慕的就是他们所烦恼的。千方百计地和别人比较，将自己置于一个绝望的境地，这样的比较没有任何意义。难道你以后要告诉自己的孩子："你看，别人家的小孩多聪明，你看看你？"所以，不要和他人比较，因为我们最大的敌人是自己，不是别人。当然，偶尔竞争还是可以的，这可以使我们更加努力。

第四，行动起来。我们的人生并不是没有意义的，有时候面对我们想要的，我们只需要坚持下去，或许在某一天，愿望就会实现。就像我的一个朋友，他在一座陌生的城市找工作，但是面试了很多家公司都没有结果，也许是走投无路了，他遇上了一个陌生人，问那个陌生人是否有合适的工作，他说他很想在这座城市生活下来，找到一份工作，不然就只能回老家了……而那个陌生人刚好是一家公司的人力主管（HR），他们分开之前，人力主管（HR）给了他一张名片，让我的朋友去面试，到现在他已经成功地在那家公司坐上了主管的位置。他十分感谢那个人力主管（HR），打算请她吃顿饭，但是那位人力主管（HR）告诉他，"这是你自己问的啊，是你主动问出来的，我只是给了你名片而已，所以，这是你自己应该得到的"。说出自己的需求，并不是一件很羞耻的事情，也许你说出来就能得到你想要的，但是最重要的是你得先开口才行。

为什么我总是犹犹豫豫

你是否总是在做决策的时候犹豫不决？比如买两件差不多的衣服的时候要反复比较，到底买哪一件，要不然就是两个都想要，可是又觉得没有必要。我们把这样的现象叫作"选择困难"。

犹豫的背后

在我们做决策的时候会出现以下几种情况：

双趋冲突。有两个或者两个以上具有吸引力的目标呈现的时候，我们只能选择其中一种，就像我们经常说的"鱼与熊掌不可兼得"。

双避冲突。两个或者两个以上的目标都是人们力求回避的，但是我们又只能回避一个。比如我们感冒的时候明明很难受，但又不想去医院。

趋避冲突。指的是同一目标对人们既有吸引力，又有排斥力。

比如想吃美食，又怕长胖。

多重趋避冲突。指的是面对多个目标，每一个目标都具有吸引和排斥两方面的力量，这不是单纯选择一个目标就可以解决的问题，而是要进行多重的选择。比如，你想要换一份工作，新的工作工资虽然不高，但是离家近；原来的工作工资高，但是压力大。这时候就要进行多重选择，分析清楚利弊。

意志是一种很神奇的东西，意志对于一个人来说非常重要。我们总说，一些人的意志力很强，一些人的意志力比较弱。在心理学上，意志是这样定义的：是有意识地支配、调节行为，通过克服困难、以实现预定目标的心理过程。果断性就是意志的品质之一，这里的果断不是草率的意思。果断性指的是一个人在深思熟虑之后具备决策的能力，有充分的依据之后，适时做出决定。也就是说，如果我们去问一个具有果断性品质的人，他会有根有据地告诉我们，他做这个决定的理由是什么。与果断性相反的品质是草率和犹豫，所以犹豫的人很多时候就会比较羡慕那种十分果断的人，羡慕他们有这样的能力，自己却没有。但是实际上，要成为一个果断的人并不难。

做事情总是犹豫该怎么办

第一，转换思维。试想一下，为什么你难以做出选择，一定是因为这两个选项差不多，所以你很难做出取舍。那么为何不转变一下自己的思维，既然两个选项都差不多，那么我们凭直觉选一个就好了。在选择的时候，如果你想让上天来帮你做决定，但是抛硬币的结果不是你想要的，那你就选择另外一个，相信自己的直觉也不失为一件好事。

第二，问问自己究竟想要什么。如果你告诉我你不知道自己想要什么，那就换一种思维，你最不能失去什么，什么东西你失去了，就会觉得很可惜、很难过，那你就知道自己想要什么了。

第三，做出最佳决策。进行多重选择的时候，如果我们想要做出最佳选择，不如采用一下计算机认知学家的建议——做到37%，比如我们想要买一套房子，那我们就需要考察所在区域37%的房子。科学家们得出结论，37%既不会让我们感觉疲劳，也不会让我们觉得过于草率就买房，而且我们又有37%的概率买到自己心仪的房子。

同时，探索对于做决策也是十分重要的。探索就是搜集信息的过程，比如我们想要创业的话，说干就干、不做市场调研的人，失败的概率更大。所以探索的过程十分重要，因为在这个过程中，获得的很多信息都是我们未来可能会需要的信息。不过探索也要根据时间而定，比如我们去一个陌生的地方出差，想要喝杯咖啡，如果时间紧急，那就不用去探索了，直接去楼下的星巴克往往是最好的选择。这就是最佳选择的问题。

第四，学会矛盾分析，在众多矛盾中抓主要矛盾。马克思告诉我们任何事物都有矛盾，矛盾无处不在，矛盾同时也推动着事物的发展。试想一下，没有自己的犹豫，我们就不会想要自己变得果断一些，这样矛盾就成为我们改变的动力。而要成为果断的人，很重要的一点就是学会抓主要矛盾。

后记

我是一个十分平凡的人，但也是一个热爱心理学的人。我有一个不算太大，也不算太小的梦想，就是希望对心理学有误解的人们可以正确地认识心理学，不知道心理学神奇之处的人们，可以了解心理学。哪怕仅仅是尽我的微薄之力，哪怕是只有一个人改变就好，那我也很开心了。

当前，其实还有很多人对心理学存在十分严重的误解。因为我接触过这些人，所以我知道这不仅仅是误解，可能你认为有误解很正常，但是如果因为误解，然后被人误导、利用了呢？这样的话不仅对于这些人是一种伤害，还可能他们以后再也不会相信心理学了。而且非常多的人就喜欢拿心理学很玄的一面来大做文章，影响社会的风气，看了一些关于心理学的书籍就认为自己参透了真谛，然后通过自己影响更多的人，于是被影响的人也开始对心理学产生误解。

所以，写这本书很大的一部分原因，就是想通过这种方式告诉大家：心理学不是迷信、不是玄学，不是所谓的"你是学心理学的，那你能猜到我现在在想什么""你是学心理学的，那你能治病吗？那你是医生吗？"这样的误解。心理学是一门科学，从冯特 1879 年在莱比锡大学创立第一个实验室开始，心理学就以

内
心
的
重
建

一门科学的形式存在了，为什么大家可以承认物理、数学是科学，就不能承认心理学也是一门科学呢？我希望心理学的处境也可以随着时代的发展，慢慢好转起来。这就是我的梦想了，当然我也会为了这个梦想而不懈努力。